U0187807

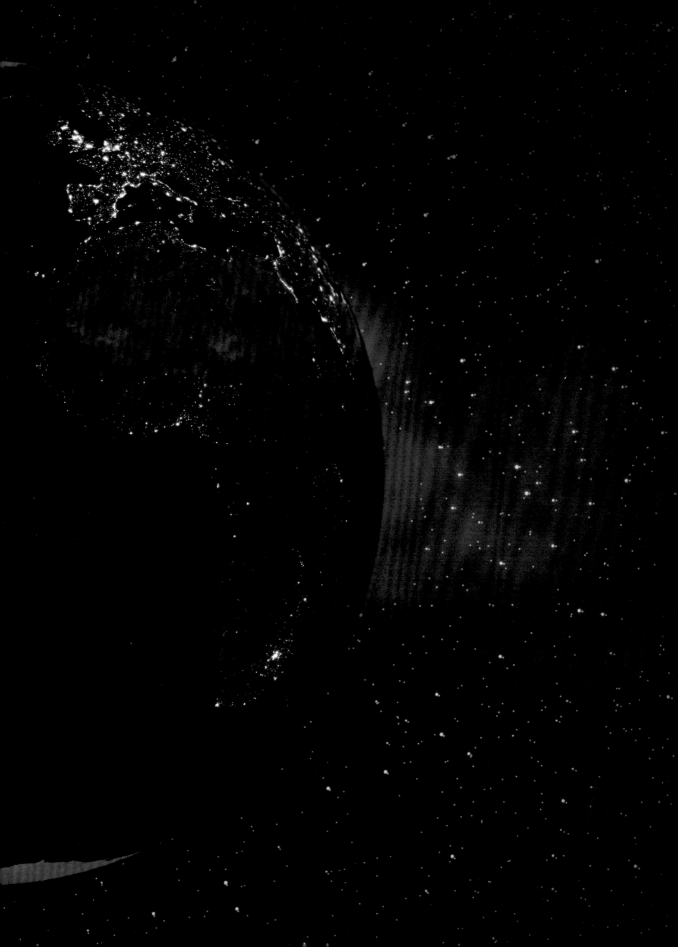

DAKAI DIQIU

出版统筹：汤文辉
品牌总监：耿　磊
选题策划：耿　磊　王芝楠
责任编辑：王芝楠
美术编辑：卜翠红
营销编辑：钟小文
版权联络：郭晓晨　张立飞
责任技编：王增元　郭　鹏

著作权合同登记号桂图登字：20-2019-176 号

图书在版编目（CIP）数据

　　打开地球 /（丹）拉斯·亨里克·奥格著；张同译. —桂林：
广西师范大学出版社，2021.3
　　ISBN 978-7-5598-3573-4

　　Ⅰ. ①打… Ⅱ. ①拉… ②张… Ⅲ. ①地球—普及读物
Ⅳ. ①P183-49

　　中国版本图书馆 CIP 数据核字（2021）第 006328 号

广西师范大学出版社出版发行
（广西桂林市五里店路 9 号　邮政编码：541004）
（网址：http://www.bbtpress.com）
出版人：黄轩庄
全国新华书店经销
北京博海升彩色印刷有限公司印刷
（北京市通州区中关村科技园通州园金桥科技产业基地环宇路 6 号　邮政编码：100076）
开本：787 mm × 1 092 mm　1/16
印张：12.5　　字数：160 千字
2021 年 3 月第 1 版　　2021 年 3 月第 1 次印刷
审图号：GS（2020）3574 号
定价：138.00 元

如发现印装质量问题，影响阅读，请与出版社发行部门联系调换。

打 开

[丹]拉斯·亨里克·奥格 著  张同 译

地 球

GUANGXI NORMAL UNIVERSITY PRESS
广西师范大学出版社
·桂林·

　　自古以来，人类就对自己生存的这颗星球充满了好奇。在古代，由于人们的活动范围只在很小的一块地方，这就限制了他们对于地球的想象。如中国古人就认为"天圆如张盖，地方如棋局"，意思是说天空像一个圆盖，而大地则像一个四方的棋盘，即"盖天说"。还有人认为，"浑天如鸡子。天体圆如弹丸，地如鸡子中黄，孤居于天内，天大而地小"。意思是说大地和天空的关系，就像蛋黄和蛋清的关系一样，大地位于天空的中间，被天空包围，即"浑天说"。这些观点虽然有局限，却是当时人类对地球最重要的认知。

　　随着生产力的发展，人类社会的科技水平不断进步。我们已经认识到，在茫茫宇宙中，正是地球——这个渺小脆弱、蔚蓝美丽的星球，创造了智慧的人类。幸运的人类诞生、成长在地球演变史上最好的年华，并成为地球生命史上最重要的生命形态。如今，借助于各种观测技术和工具，我们对自己赖以生存的地球已有较深入的了解——我们不仅了解到地球在宇宙中所处的位置，还知道了地球的来源、地球的历史和地球内部的结构……

　　这本《打开地球》就是一本极好的关于地球的科普书。与其他的关于地球的科普书不同，它将地球知识与人类的诞生和发展相结合，是探索地球演变、人类进化的指南和索引。这本书能让对地球了解甚少的读者踏入地球知识的宝库，得到地球科学启蒙：地球上为什么会有山脉和平原？人类的祖先是猩猩吗？恐龙时代的地球是怎样的？为什么会有地震和火山爆发？……本书还将关于宇宙、地球和人类的比较粗浅、碎片化的知识有机串联起来，并进行了系统的整合和升华。读者将在阅读的过程中，一睹地球的诞生、人类的出现、地球的未来，还将攀登最高的山脉，看到会发光的火山，甚至进入地球核心，了解关于这颗太阳系第三颗行星的奥秘。

作为一名资深记者和长期创作科学专栏的科普作家、科学评论员，作者拉斯·亨里克·奥格先生用深邃的思想、超前的理念、精准的选材、合理的编排，讲述了地球和地球上的生命，帮助读者更深刻地感受、体验地球和人类经历的磨难以及地球蕴藏的力量。尽管人类已经是地球的主宰者，但在自然灾害面前，人类仍然是脆弱、不堪一击的。我身为一名地震工作者，目睹过地震、山体滑坡、塌方、泥石流等自然灾害发生时的惨状。想要与自然和谐共处，减轻自然灾害给人类社会造成的损失，让生命与智慧不断演绎、延续，创造更多的奇迹，我们必须时刻对大自然充满敬畏之心，学习更多关于地球的知识，了解灾害的成因，身体力行地保护地球、保护自然、保护生命。

人类与地球的关系以及地球的未来一直是社会关注的焦点。在此基础上拍摄创作的电影《流浪地球》一经上映，便迅速打破了国内票房的多个记录。《流浪地球》揭示了人类命运共同体的核心价值，那就是维护人类共同的安全和福祉。在《打开地球》中，作者也对地球和人类的未来作出了大胆的展望，预测了未来地球将会面临的种种可能。人类可能会进化到一个更高的阶段，仍然是地球的主宰；人类也可能会消亡，地球再次成为动物的星球。未来究竟会怎样，还需要通过时间来验证，但我相信，读者一定会在本书的启发之下，产生属于自己、独一无二的关于地球未来的遐想。

——中国地震局研究员、中国国际救援队原领队　**徐德诗**

INDHOLD 目 录

1968年12月24日，由三人组成的团队第一次环绕地球之外的另一个星球飞行。

这三位美国宇航员驾驶着"阿波罗"8号，飞向距离地球近40万千米的月球，不过这次他们没有着陆。第二年，在执行"阿波罗"11号任务中人类才第一次登上了月球。

在这次绕月之旅即将结束时，他们通过飞船的一扇小窗户看到了无法用语言形容的震撼景象。

"我的天哪！快看这边！地球在冉冉升起，天哪，简直太美了！"宇航员安德斯惊叹道。

他连忙拿起相机记录下在灰棕色月球上这一"地出"的奇妙瞬间，这张照片也成为历史上极为著名的摄影作品之一。

在此之前，从来没有人以这种方式看到我们的蓝色星球。也从未有人到达如此遥远的地方，亲眼看到地球就像一颗小小的圆球，悬浮在漆黑又浩瀚无边的宇宙之中。

很快，这张照片就出现在世界各地的电视、报纸和书本中，它震撼着人们的内心，给人们带来了强烈的情感共鸣。

这样一个美丽的星球是如何诞生的呢？

地球上的海洋、山川、云朵又是如何产生的？

为什么这个小小的星球能够孕育花草树木、蜘蛛、蓝

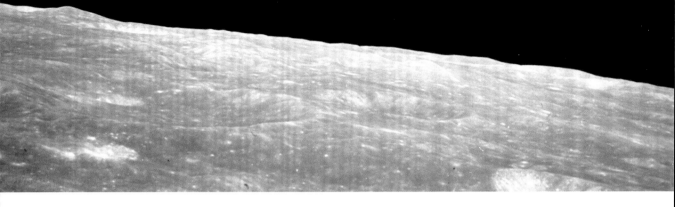

本书中插图系原书插图

　　这张 1968 年在月球上空拍摄的著名照片 "地出" 让人们意识到我们生存的星球在宇宙中微不足道，因此我们一定要好好保护它

图片来源：**NASA**

2015 年，月球卫星重复了这一艺术创举，再次在月球上空拍摄了地球的照片。从中可以看到地球上的非洲大陆、大西洋和南美洲大部分地区

图片来源：**NASA**

鲸和人类这些美妙的生命呢？

但与此同时，这张照片也让我们开始意识到，我们一定要保护好这个渺小又脆弱的蔚蓝星球，因为这是我们唯一的家园，这是我们所知道的唯一一个能给我们提供食物、空气和温暖，并带来无限美好、欢乐与爱的星球。

我们没有第二个地球。

现在请你打包好行李，因为你即将踏上探索这一独特星球的奇妙旅程。你将穿越梦中都无法触及的时间与空间。在旅途中，你也将得到现在脑海里浮现的所有问题的答案。

那么，就让我们从很久很久以前的一团高速旋转的星云启程！

第一部分

地球的诞生

我们所在的星球起源于星云，
童年期的它表面如地狱一般。
但随着时间的推移，
生命开始在地球扎根，此后，
就出现了天翻地覆的改变。

起源

　　在很久很久以前，地球还没有诞生之前，宇宙已经存在许久了。如果说到今天为止宇宙已满 100 岁，那么地球则只有 31 岁。

　　从一个比针眼还要小的点中，空间和时间孕育而生，随后就产生了宇宙的历史。宇宙初期的温度极高，能达到数十亿甚至上百亿摄氏度。

　　实在是太热了，万物聚集在火热又深不见底的混沌之中，连光都无法从中逃离。

　　过了大约 38 万年，新生的宇宙不断冷却，光终于能从混沌中发散而出。世界开始闪耀。

　　那时候的宇宙远远没有现在这么大，在宇宙中既没有恒星也没有行星。但于此之后，宇宙在不断膨胀的同时持续冷却，逐渐将最轻巧常见的氢和氦气体凝结成原始星云。

　　渐渐地，部分氢气凝聚起来，形成不断收缩的块状物。最终，其中的一些块状物变得体积巨大、密度极高、重量极大，以致它们的中心位置温度急剧升高，仿佛在块状物中安装了巨型"引擎"。

　　这些"引擎"开始将氢转化成氦，转化过程中散发出巨大的热量，又大又圆的块状物闪烁着耀眼的光芒。

　　最早期的巨型恒星由此诞生了，体积要比我们的太阳大成千上万倍。不过，它们不像太阳一样长寿。在大约 1 亿年的时间里，它们消耗了所有的氢燃料，之后可能就

你血管中流淌的血液、身体内的骨骼，森林中的动物、青草、花朵，海洋，空气，土地等，地球上的一切都是由恒星创造的

图片来源：EVDOKIMOV MAXIM

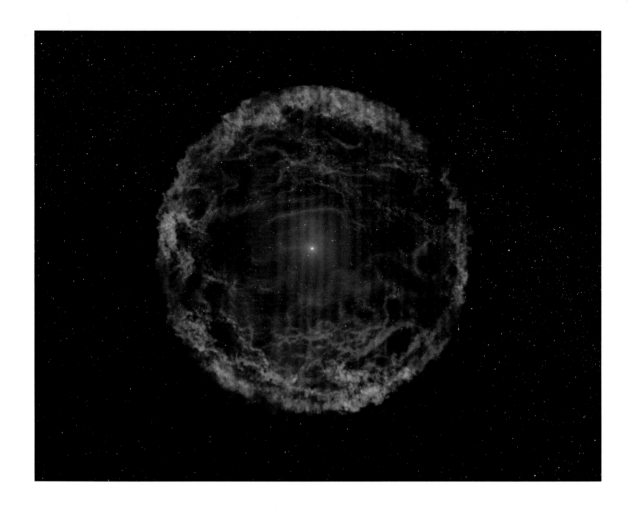

在巨型恒星爆炸时，大量重元素像灰尘一样被抛向太空。行星、植物和动物都源自这些尘埃。因此人们会说，我们都是由恒星物质构成的

图片来源：**ESA/HUBBLE**

会在剧烈的爆炸中毁灭，也就是人们所说的超新星爆发。

我们必须为此感到欣喜，因为恒星在剧烈爆炸中抛出了大量最终构成了我们、行星和卫星的物质。

比如，恒星爆炸抛出了氧，而我们呼吸需要氧气，氧气与氢气又可以形成水。

恒星爆炸抛出了硅，硅是沙子、岩石的重要组成成分，从而也是地球的重要组成成分。

恒星爆炸抛出了钙，钙是我们骨骼以及螃蟹和贻贝的贝壳的重要组成成分。

恒星爆炸抛出了碳，碳是构成所有动植物的必要元素。

恒星爆炸还抛出了铁，在地球深处和我们的血液中都存在着大量铁元素。

我们和我们周围的一切都是由恒星物质构成的。

在爆炸中产生的大量气体云和其他物质重新形成了体积较小的全新恒星，它们的寿命要比之前的恒星长得多。

遥远的 50 亿年前，在银河系的一个小角落里，一团厚重又冰冷的尘埃云和气体云愈来愈紧密地聚集在一起。

这团云的中间部位密度最大、温度最高，这部分便是太阳的前身。云团旋转得越来越快，开始将冰物质尘粒和岩石物质甩向太空。

如果你想更深入了解宇宙、星系、星球、空间生物和时空穿梭，可以阅读本书作者拉斯·亨里克·奥格的另一本著作《打开太空》

这些物质相互碰撞并吸积周围物质，最终形成了行星。

在太阳系中，大家一定对邻近太阳的第三块巨石最熟悉不过了，因为它最终演变成我们在太空的家。

地球诞生了。

地球的童年

如果你乘坐时光机回到大约 46 亿年前——地球的童年时代，那么你一定会急着返程。因为那里很不舒服，几乎没有生命可以在那种条件下生存。

宇宙中的巨大石块像倾盆大雨一样砸向年轻的大地，使地球变成了炼狱。当时地球的温度高达大约 2 000 摄氏度，剧烈的高温将整个表面都融化了。

大地在沸腾，熔岩仿佛煮成的热粥，不停地冒着泡泡。地球上没有大气，当然，也没有湖泊、河流和海洋。

沸腾的熔岩像熬成的热粥。这是地球诞生初期的大致景象

最重要的是，那时的地球比现在小了一圈，一直在飞速自转。如今，我们的地球每二十四小时自转一圈，但那时只需要约五个小时，也就是说，白天和夜晚会快速切换。

不过这还不是最糟糕的，因为那时地球只有几百万岁，依然是一个小婴儿。后来，在地球漫长的历史长河中发生了一件极为疯狂的事。

大家都知道现在只有八颗行星围绕着太阳公转，但当时远比现在多。不幸的是，其中一颗行星冲出轨道，与地球撞了一个满怀。后来，人们猜测它的质量应该与火星接近，也就是说，大约是地球的十分之一，也算是个庞然大物。

人们称这颗行星为忒伊亚，当它以巨大的力量撞击地球时，发生了很多很多事情。

忒伊亚富含铁物质的沉重内核的一大部分砸穿地球厚重的表面，直接击中了地球的内核并与其融合，因此地核变得更大、更重。

忒伊亚撞击的巨大威力致使地球支离破碎，忒伊亚也成为碎片。大量炽热的岩石和尘土被抛射到太空中，悬浮在几乎被摧毁的地球周围。

这些残骸渐渐凝聚在一起，形成了全新的世界。月球诞生了。

当然，人们还不能百分之百确信月球是以这种方式形成的，但这是目前最合理的猜想。

例如，月球和地球上的岩石成分有许多相似之处，这

在月球诞生时，它与地球的距离不超过 2.5 万千米，如今，这个地球的忠实伴侣距地球近 40 万千米。因此，月球在当时看起来要比现在大得多

图片来源：BRATA SEIFERT

几乎只能解释为它们起源于同一地方。同时，月球的铁金属核极小，而地球的铁金属核极大，这也印证了忒伊亚将其大部分铁金属核推向幼年地球这一推测。

没有人能观测到新生的月球，但毋庸置疑，那一定是一幅壮丽的景观，因为当时月球到地球的距离不到现在的十分之一。月球这个庞然大物，几乎每天都会用它巨大的身躯遮住太阳，在地球上甚至可以清晰地看到月球表面的火山、平原和深谷。

与此同时，地球内部热源被不断消耗，地球渐渐开始冷却，表面变得越来越坚硬。新生的太阳也开始在地球上方闪耀光芒。不过当时地球上的阳光远不如现在充盈。

当地球大约 4 亿岁时，另一场灾难发生了。太空中成群结队的天体开始频繁地撞击地球。人们称其为大轰炸。

大轰炸造成了新的火山喷发，地球温度再次上升，新的巨大陨石撞击也使得地球变得更大、更重。不仅如此，更重要的是：大轰炸带来了水。

在这些撞击天体中，隐藏着大量冰冻但肮脏的水，因此，当大轰炸逐渐稳定、地球逐渐冷却下来后，海洋出现了。同时，困在地球地表深处岩石中的大量的水也开始逐渐被挤压向上，涌出地面。

我们的星球变成了蔚蓝色的。对于生命来说最重要的物质产生了。

原始生命

　　也许，地球上曾经不止一次出现过生命。极有可能在大轰炸期间的和平阶段涌现过生命，但当地球遭遇太空中新的巨石碰撞时，这些生命也消逝了。

　　在大约 35 亿年前的某个时候，地球归于平静，生命开始在地球上疯狂扎根。正是这些最初的生命，逐渐演化为今天所有的植物、动物，包括你和我。

　　我们并不能确切知道生命的祖先是什么样子，也无从明确知晓生命是如何起源的。不过，科学家们有一些非常好的猜想，最让大家信服的猜想要从海洋底部说起。

　　1977 年，几位科学家搭乘"阿尔文"号深潜器取得了 20 世纪最伟大的发现。

　　他们在太平洋科隆群岛附近约 2 500 米深处的海底突然发现了一些不断冒出烟雾的奇怪"烟囱"，如今大家称它们为"黑烟囱"。

　　人们从来没有见过类似的事物。

　　这些黑烟囱像十层楼房一样高，科学家们从深潜器中观测到这些黑烟囱周围的水正在沸腾。但最令人惊讶的是生活在这里的奇妙物种：蚌类、蟹类、奇怪的蠕虫以及许多以前未曾见过的海洋植物和小动物。

　　在这伸手不见五指的黑暗海底以及无比强劲的水压下，怎么会有这么多生命存在呢？

　　答案就是火山。在地球海洋花园的底部，活火山的数

也许地球上的第一个生命诞生于此。这些黑烟囱中有微生物赖以生存的营养和能量

图片来源：**NOAA**

量远比陆地上的多得多，岩浆从这些火山口喷涌而出，融入冰冷的海水中。

这无疑为那些可以承受强烈高温的特殊微生物提供了营养和能量。小细菌被稍大的动物吃掉，接着稍大的动物又被更大的动物吃掉。随后，动物的粪便掉落到海床上，成为海洋植物生长所需要的养分。

因此，最终演变为地球上其他生命的原始生命很有可能起源于大约 35 亿年前的海底。这里的条件在生命的产

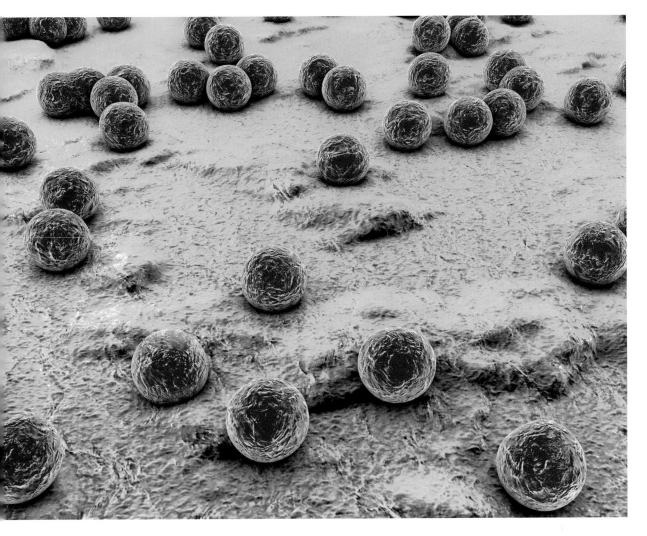

生和发展方面，相较于其他环境有着诸多优势。

那时，地球上还没有大气层，而大气层可以保护植物和动物免受来自太阳的特殊且危险的光——紫外线的伤害。

在夏天，我们涂防晒霜其实就是为了减少紫外线给皮肤带来的伤害。如果我们不这样做，照射过多的紫外线就可能导致致命的皮肤癌。同样，如果植物受到过多的紫外线照射，则有可能枯萎。因此，没有减弱紫外线的太阳光对于原始生命来说危害极大。

地球上最初的生命——原始细菌也许是这个样子。如今，全球各地——比如空气中，南极冰下，甚至深达数千米的地下——都遍布细菌和其他微生物

图片来源：KATERYNA KON

于是，这些原始生命在深海扎根，安稳地生活着。即使是在经历了不计其数的宇宙巨石撞击地球之后，它们也安然无恙。

我们无法确切得知地球上的第一个生命是如何出现的，但很有可能产生自这些黑烟囱中发生的化学反应——由于地球内部的热量和丰富的物质，生命的火花就在岩石的小颗粒中被点燃了。有生命的细胞诞生了。也就是说，地球上出现了可以代谢、生长、移动并且分裂出更多同类的物种。

但是又过了数十亿年，生命才开始迅猛发展，并从海洋来到了陆地。

火红色的行星——火星和地球几乎同时形成。但是，多种迹象表明，火星比地球更快地归于平静，随后便出现了河流和湖泊。因此，火星上生命的出现可能早于地球上生命的出现。如果属实，也许地球上的生命来自火星。巨大的岩石撞击火星时可能会导致部分火星碎片被抛入太空，它们最终抵达地球

图片来源：**ESA**

原始陆地

如果你仔细观察地球仪，就可以清楚地看到地球表面上海洋的面积要比陆地的面积大很多。实际上，约十分之七的地表被海洋覆盖，而且海洋的平均深度可达 3 800 米。

沿着海洋的边界分布着七大洲，你可能早已经知道了：欧洲、非洲、亚洲、大洋洲、北美洲、南美洲，以及冰雪覆盖的南极洲。但我们的星球并不是一直如此。

回到地球的童年时代，那时甚至没有大陆，只有从温暖的海洋中升起的火山岛。这些岛上空无一物，没有树木，没有花草，没有灌木丛，也没有动物。

这些岛屿仅由裸露的岩石组成，岩石温度极高，因为地球仍处于快速冷却阶段。

但是随着新的火山喷发，越来越多的岛屿形成了，这些岛屿开始慢慢连接成一块巨大的陆地——周围环绕着广阔的海洋。这一切发生在大约 30 亿年以前，地球的岁数还不到现在的一半。

当然，人们还不能完全确定这些推断正确与否。那么，人们到底是如何知道这一切的呢？一群特别的专家——地质学家，用他们手中了不起的工具做出了解答。

他们发明了测算岩石年龄的方法。地球诞生之时的石头已经无迹可寻，因为它们早就被地球最初的灼热熔化并重塑了。

但是随着地球的冷却，熔化的石头逐渐凝固，变得坚硬无比，并因此保存至今。岩石中隐藏着一些微小的放射性物质，也就是说，它们会发出微弱且不可见的射线。

令人兴奋的是，放射性会促使某种物质转变成其他物质，不过要花很长时间。有的转变需要花费一亿年，有的甚至需要花费两亿年。有了这些发现，地质学家就可以测算岩石的年龄。

例如，人们在澳大利亚和南非发现了非常相似的石头，

地球有多重？科学家给出的答案是：5.976×10^{21} 吨。其质量包括地球上所有动植物质量的总和，以及土壤、沙子、岩石、金属和水等的质量。月球的质量为地球的1/81，而太阳系中最大的行星木星的质量则是地球的300多倍

图片来源：**KULYK**

经过测算发现它们几乎是在 30 亿年前同时形成的。因此，这些相距约 1 万千米的澳大利亚和南非的特殊石头应该起源于同一块原始陆地。

地质学家还有另一个重要发现：许多石头内部都含有某种"GPS 装置"，也可以将其称为"年代与位置测量仪"。

它隐藏在石头内部的小磁铁或含铁的物质中，通过测量它所"记录"的相关数据，就可以大致计算出石头在何时于何地形成——是来自北方高地还是南半球，抑或是赤道。

目前地球上最古老的石头约有 44 亿年的历史。它是人们在澳大利亚发现的一块很小的蓝色锆石，它在地球童年时期的剧烈高温中幸存了下来。

地质学家推测，地球要比这块石头更为古老——大约有 46 亿年的历史。这是地质学家通过测算从太空降落到地球上的流星的年龄推测出的，因为流星与地球还有其他行星大致同时形成。

很难想象，46 亿年到底有多漫长。

但是，如果我们将整个地球的历史压缩为一年——12 个月——那么 1 月 1 日地球诞生后，在 3 月下旬地球上第一次出现了生命；恐龙在 12 月中旬统治地球；而和我们一样的第一个人类，则大概于 12 月 31 日，新年伊始前 8 个小时，开始在非洲大陆用长矛狩猎。

就在新年钟声敲响前的两秒钟，蒸汽机被人类发明出来，世界上第一批工厂如雨后春笋般涌现。

与地球的整个历史相比，美好的人生似乎并不漫长，眨眼之间就过去了。

在过去，人们以为地球只有几千年的历史。例如，1650 年，英国人詹姆斯·乌雪（James Ussher）在著作中写道，地球诞生于公元前 4004 年的 10 月 23 日。如今，我们知道地球的年龄是这个推断的七十七万倍

图片来源：SERGEY NIVENS

地球内部

人类很伟大。我们可以制造出即使没有司机也能在马路上行驶的汽车，也可以将太空探测器发送到太阳系中距离我们最遥远的行星上。

但是，我们无法深入观察我们星球的内部构造，也无从得知在我们的脚下——遥远的地壳下方正在发生什么。

并不是因为我们未曾尝试。

1970 年，当时的苏联科学家开始在地球上钻洞，经过 24 年的努力，这些科学家"仅"到达地下大约 12 千米处，之后便放弃了。因为他们估算出必须再深挖至少 23 千米才能突破地壳，抵达下一层——地幔。

尽管如此，它仍然是人类所钻过的最深的洞。但它的底部与地球中心之间仍有近 6 400 千米的距离，比从哥本哈根到纽约的距离还要长 200 多千米。

因此，我们如何才能"看见"地球的内部世界呢？

当然，人们一直都知道，越到地下深处，温度就越高。那些从火山口喷薄而出的来自地下深处的热灰和熔岩就足以证明这一点。

在过去，许多人以为地球是平的。但早在公元前，一些智者就认为地球是圆的。比如，2 200 多年前，希腊自然科学家埃拉托色尼（Eratosthenes）就通过计算得出结论：地球是一个球体，周长约 40 000 千米。这一数据非常接近现代人们借助高科技测量的赤道周长——40 076 千米。

面对这样一个庞大的球体，并且越进入它的内部，温度越高，我们如何才能对它"一探究竟"呢？

一位卓越的丹麦女性于 1936 年给出了答案。她的名字叫英奇·雷曼 (Inge Lehmann)，她专攻地震学，也就是研究地壳的剧烈震动。

她使用位于丹麦的地震仪测量了地球另一侧的新西兰发生的地震。

地震发生时，从震源会向外辐射各种不可见但非常强大的波。这些地震波会致使房屋倒塌，有的甚至会席卷整个地球，因此在地球的另一侧也可以进行测量。

在英奇·雷曼观测新西兰的地震波时，她发现有些不对劲，其中部分波出现的地方与她的预测不同。她唯一能找到的解释是：其实地球有两个内核，即固态的内核和包裹其外的液态外核。

因此，英奇·雷曼成为第一个"看见"地球液态地核中有固态内核的人。

从那时起，越来越先进的测量技术揭示了更多有关地球内部的秘密。

如今，我们知道地球的内核与外核主要由铁和其他重金属组成，在巨大压力的作用下形成的地核密度极高。

内核的温度极高，但由于压力过大，因此铁的熔点大大升高而呈固态。外核的物质则在压力没那么大的情况下，于平均 5 000 摄氏度的高温下熔为液体，这样的温度差不多与太阳表面等同。

地核的温度为什么会如此之高呢？目前有两种解释。

英奇·雷曼堪称丹麦历史上最伟大的女科学家。1936 年，她发现地球的内核是固态的，在其外包裹着液态外核。她于 1993 年，快105 岁时逝世

图片来源：EMILIO SEGR·VISUAL ARCHIVES

一种解释是温度源自地球形成时的余热，另一种解释是我们脚底深处有一个"巨型核电站"。

一些金属具有放射性，也就是说，它们会发出不可见的射线，不断给地球内部加热。因此，经过数十亿年的累积，地球内部温度变得非常之高。

我们必须为地球外核的熔化感到欣喜。液态铁就像火炉上煮沸的稀粥，"咕嘟咕嘟"地冒着泡泡，电也由此产生了。

金属物质在"热粥"中相互摩擦，创造出了电，强大的电流进而在地球周围产生了磁场。磁场就像一个看不见的盾牌，保护了所有地球生命免受来自太阳的危险粒子的伤害。

有时太阳会爆发，向我们发射强大的带电粒子流。但是当这些粒子撞击地球磁场时，地球磁场会使它们改变方向，从而使我们免受伤害。因此，我们应该感谢脚下数千千米处的"冒泡的铁粥"。

地球外核之上是地幔，厚达 2 800 多千米，由部分熔融的岩石和岩石组成。再向外就是薄薄的地壳，大多数地方的地壳厚度不超过 50 千米。

在最外层的地壳上分布着海洋、山脉、沙漠、冰川、森林、城市，还生活着你和我。在这里，一切都缓慢而又温和地变化着，这一定得益于我们脚下巨大而又热情的力量。

如果用一把巨大的刀将地球切开，你大致会看到这幅景象：在我们下方近 5 000 千米处，是地球的固态内核，周围包裹的是主要由铁构成的液态外核，温度平均高达 5 000 摄氏度。橘红色的壳是地幔，有 2 800 多千米厚，由部分熔融的岩石和岩石构成。最外侧是我们居住的地壳

图片来源：VCHAL

在这张图中，你可以看到地球磁场如何保护地球生命免受来自太阳的危险粒子的伤害。磁场在整个地球周围形成了一个巨型保护泡

地壳运动

如果你仔细观察世界地图，就能看到非洲和南美洲的海岸轮廓如此契合。这两个大洲仿佛两块散落的巨大拼图碎片，正等待着被拼凑在一起。

很久以前就曾有科学家猜想这两个大洲起初同属一块大陆。这听起来很奇怪，因为如果非洲和南美洲曾连在一起，那么必须是极其强大的力量才能促使它们分离。但这种神秘力量从何而来呢？

19世纪90年代初，一位名叫阿尔弗雷德·魏格纳（Alfred Wegener）的德国科学家在研究格陵兰岛沿海冰山时，发现冰山在缓慢移动。这个发现让他联想到，也许整个地球表面，包括所有陆地和洋底都在缓慢运动。

执着勇敢的魏格纳开始寻找可以证明自己猜想的证据，最终他在非洲和南美洲已经灭绝的动物的化石中找到了线索。化石是生活在很久以前的动植物在岩石上留下的遗迹、遗体。

通过搜集资料，他发现两个大洲都存在同种动物——中龙，一种爬行动物的化石。这样的动物怎么会出现在相隔数千千米的大西洋两岸呢？对它们来说，游到对岸的距离实在是太遥远了。

1915年，一本包含了他所有"疯狂"猜想的著作问世。他在书中写道，不仅非洲和南美洲曾经相连，实际在

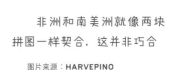

非洲和南美洲就像两块拼图一样契合，这并非巧合

图片来源：HARVEPINO

化石是古代动植物在岩石上留下的印记。在上图中，你可以看到三叶虫化石——一种约在 5 亿年前生活于海洋中的甲壳类动物的化石。大约 360 年前，丹麦人尼古拉斯·斯丹诺（Nicolaus Steno）（右图）成为世界上第一个发现化石源于很久以前就已经消失的动植物的科学家

图片来源：**ABRILLA**，右侧图来自：**J. P. TRAP**

大约 3 亿年前，七大洲都同属一块巨大的陆地。他将其称为"泛大陆"（Pangaea），这是一个希腊语单词，意思是"所有的陆地"。周围是辽阔的"泛大洋"（Panthalassa），它也是希腊语单词，意为"所有的海洋"。

他还写道，在陆地和海面之下，一定有一种力量驱使这一切移动。他把这一理论称为"大陆漂移说"。而且，他

认为这种力量仍然存在，因此直到他写下这本书时，各大
洲还在缓慢移动。

　　不幸的是，在当时，几乎其他所有了解地球及其结构
的科学家都不认同魏格纳的看法，甚至还有人嘲讽他。他
们拒绝相信大陆正在漂移这一说法，这使魏格纳备感沮丧。

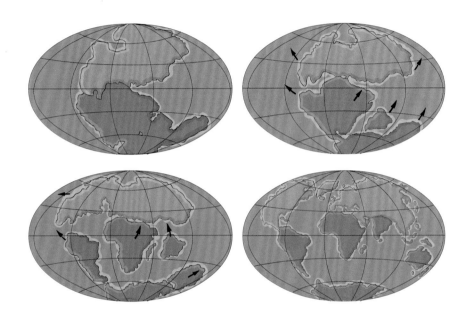

　　从以上四幅图你可以看到自恐龙诞生以来大陆的变化过程。左上角那幅图记
录的景象可以追溯到 3 亿多年前，那时，所有大洲都同属泛大陆这块超大陆地。
右上角那幅图记录的景象为大约 1.5 亿年前，泛大陆逐渐分裂为两块巨大的陆地。
左下角的图描绘了大约 1 亿年前的景象，南美洲和非洲已经分离开来，印度是一
座缓慢向北漂流的岛屿。最后一幅描绘的就是如今我们所熟知的地球的样子

图片来源：HARVEPINO

在 50 多年后，人们才意识到魏格纳是对的。但这位伟大的科学家早已与世长辞。

今天，我们借助卫星可以测量出北美洲每年会远离欧洲约 2 厘米。

当然，如此缓慢的速度人类是无法察觉和感知的。但试想在 5 万年之后，欧洲到美国的距离将比现在远 1 千米；在 5 000 万年后，则要远 1 000 千米。到那时，从欧洲坐飞机去纽约的时间明显要久一些了。

与此同时，也能测算出非洲在以缓慢的速度向欧洲靠近，在数百万年后地中海将会消失。而且世界上最大的海洋——太平洋正在变得越来越小，因为美洲和亚洲之间的距离在慢慢缩小。

如今，人们对大陆漂移有了更为深入的了解。人们发现地球的海洋和陆地位于六大板块上，各大板块又包括许多小的板块，人们将这些板块统称为大陆板块。也正是这些板块在缓慢移动。

但是大陆板块为什么会移动呢？原因就在地壳下方的地幔顶部高温又柔软的岩石中。在这里，地球内部缓慢释放的热量流和熔融的岩石会对大陆板块产生作用力，使其略微移动。

大陆板块的底部并不是完全坚硬的，有少量易于流动的物质，具有移动的条件。这和人们划着船在水面上前行一样。

地球是唯一一个人类了解到会发生大陆漂移的星球。这一现象给我们的家园带来了无限生机，但同时，几乎所

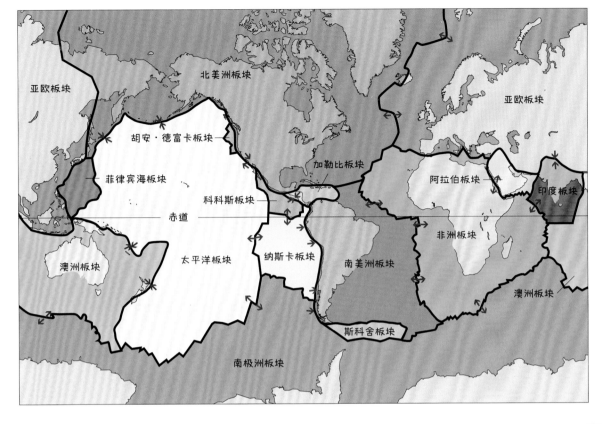

图中文字标注：

亚欧板块
北美洲板块
亚欧板块
胡安·德富卡板块
加勒比板块
菲律宾海板块
阿拉伯板块
印度板块
科科斯板块
赤道
非洲板块
澳洲板块
太平洋板块
纳斯卡板块
南美洲板块
澳洲板块
斯科舍板块
南极洲板块

有地震和火山爆发也都因它而起。在之后的章节中我再详细解释。

此外，大陆漂移也解释了地球上高山和峡谷的由来，它也是地球漫漫历史长河中许多重大气候变化的起因。

所有的陆地和海洋都分布在大大小小的大陆板块上。例如，整个欧洲和亚洲大部分地区都位于亚欧板块。板块的移动、相互之间挤压、远离非常缓慢，在它们的边缘可能会发生大规模的火山爆发和地震，也可能出现新的山脉。图中的箭头表示板块移动的方向

雪球地球

　　如果没有氧气，人类和动物就无法生存。因此，我们必须庆幸，在我们吸入肺部的空气中约五分之一都是氧气。

　　但在 25 亿年前，情况可不是这样。当时，大气中几乎没有氧气。如果你能回到过去，在那时的地球上着陆，一定要记得穿上装有氧气瓶的宇航服，否则你会窒息的。

　　随后，地球历史上最重要的事件之一发生了。它无比致命，但同时也带来了生的希望。

　　海洋中诞生了大量微小生命——蓝菌，它们可以利用阳光合成糖类，从而固定能量。

　　在这些原始生命把阳光转化为糖类的同时，它们释放出了氧气。这成为许多其他生命的灾难，因为它们原本在没有氧气的环境中生长，而充满氧气的海水于它们而言就是致命的毒药。

　　大部分生物死去了，只有蓝菌和其他少数小生物成功存活了下来。不过对于这些得以存活的少数生物来说，生命变成了一场盛大的聚会。在氧气的帮助下，它们的数量呈爆发式增长。但生命仍然只存在于海洋中，在陆地上依旧无迹可寻。

　　接着地球温度骤降。天气太冷，以至于海水都结冰了。整个地球变成了一个巨大的雪球，几乎到处都覆盖着数千米厚的冰雪。如果这种情况发生在今天，那么在赤道上也能看到冰天雪地的景象了。

"雪球地球"大约出现在 7 亿年前，那时是迄今为止地球所经历的最严寒、最漫长的冰河时代。人们不确定这背后的原因。但有迹象表明，地球上的石头在此之后开始从空气中吸收大量的 CO_2 气体。

CO_2 读作二氧化碳，是一种气体，它使地球的大气成为一床棉被，或者说使地球变成一个温室。因而，CO_2 也被称为温室气体。大部分太阳光可以穿透大气，使地球变

许多迹象表明，大约在 7 亿年前，地球变得异常寒冷，完全被冰雪覆盖，仿佛一个巨大的雪球。如果发生在今天，像澳大利亚这样的炎热地区也会被厚厚的冰层覆盖

图片来源：**INFOMAGES**

暖，而二氧化碳则会阻止热量散逸到太空。

这样一来，热量被"困"在了地球上。我们应该为此感到庆幸，如果没有二氧化碳和其他温室气体，那么地球上的温度将比现在低 30 摄氏度左右，也就是说，世界各地一年四季都将天寒地冻，我们人类将无法生存。

对于当时的生命来说，地球完全被冰雪覆盖意味着死亡，因为阳光很难穿透海上厚厚的冰面给下面的小生命带去温暖和能量。

冰雪也像一个厚重的盖子，盖在地球火山上，使它们暂时平息下来。但是在地球的内部仍然有巨大的热量，这些热量促使火山内部压力上升。数百万年之后，势不可当的巨大压力使得火山破冰爆发，将地球深处大量的 CO_2 送到了大气中。

地球温度开始上升。当冰雪融化时，大量的氧气从海洋中得以释放，生命复苏了。

生命爆发

　　乘着时光机回到 5 亿年前，你可能仍然无法认出我们的地球。那时的地面看起来宛如火星——肉眼所见的只有裸露的岩石，光秃秃的没有一草一木。

　　不过幸运的是，这里已经有你可以尽情呼吸的氧气。你如果觉得有点儿孤单，不妨跳进海里，那里生活着丰富的海洋生命，它们以惊人的速度繁衍。最重要的是，它们看起来已经像是我们认知范围内的生物了。

　　色彩缤纷、形式多样的生命呈现出令人难以置信的繁荣景象，这一时期被人们称为"寒武纪生命大爆发时期"。这些生物的体型开始逐渐变大，有的长出了眼睛，有的拥有了触角和小小的脑袋。在大脑的帮助下，它们开始制订计划，比如潜伏在黑暗的洞穴里，等待小猎物游过时发起进攻。

　　早古生代是海生无脊椎动物空前繁盛的时代。海洋里来回游动着奇形怪状的动物，就像科幻电影里的奇怪生物，令人毛骨悚然。有在舌头末端长着锋利的牙齿的动物，有长度超过两米的海蝎子，还有像鱿鱼一样的有趣动物。人们发现了这些动物的化石，所以推断它们曾经在地球上生活过。

　　而到了晚古生代，原始动物进化出了脊椎，也就是说，它们的身体由骨骼支撑，就如在你我体内、在鳄鱼体内、在大象和鱼的体内也有骨骼一样。

不知何故，现在的海洋生物看起来与 4 亿年前的动物十分相像。在海底生活的像地鳖一样的深色动物——三叶虫，在早古生代就很常见

图片来源：AUNTSPRAY

生命逐渐进化成鱼类、蝎子、恐龙、鸟类和哺乳动物，最终还进化出了我们人类。

曾经，地球自转的速度也比现在要快，一天大约长 22 小时，但比几百万年前地球的自转速度已经慢了很多。

这是因为月球对海洋产生了作用力。是不是有些不可思议呢？但是你没听错。月亮引起了潮汐，使得海岸每天出现两次涨潮和两次退潮。

这源于地球与月球之间看不见的引力。当地球自转时，月球的引力会"拉扯"海洋表面。在寒武纪生命大爆发时期，月球到地球的距离比现在更近，从而形成了强大的潮汐。潮汐则将海水中的小海藻接连不断地冲向海岸。

渐渐地，植物终于可以在陆地上生活了。一些藻类习惯了干燥和潮湿交替的环境，最终附着在岩石上生长。于是，苔藓在海岸上蔓延开来，土地开始变绿。不过，陆生动物仍然没有出现。

在深海底部，最早的鱼类已经开始出现。有了脊椎骨之后，它们的体型越来越大，还可以甩动长长的尾巴，在水里如闪电般游来游去，自由穿梭。

有些鱼喜欢浅水和岸边长着苔藓的岩石，它们似乎特别享受躺在沙滩上晒太阳的生活。最初它们也许会扭动身躯费力地爬上岸，于是慢慢地——在一百万年，甚至更久之后——这些鱼体内长出了小骨头和肺，可以在岸上自由呼吸了。

很可能正是这些鱼中的某一种渐渐进化成了地球上所有的陆生脊椎动物。也就是说，两栖动物、爬行动物、鸟类、哺乳动物包括人类，可能都由此而来。

这种喜欢陆地、由鱼进化而来的动物产下的卵也从黏液块变成了硬壳蛋。这样一来，它们的蛋就可以在陆地上经受住太阳的高温而不会变干。

动物们终于开始了征服大陆的旅程！当它们在这片未知的土地上越走越远时，岩石上的苔藓已经开始进化、扎根了。

动物的尸体和粪便为植物提供了丰富的养料，雨水从天上落下，让地球上的生物免受干涸之苦。植物生长起来，将根深深扎入土地中。似乎在刹那间，许多地方都摇身一变成为野生森林，长满茂密的蕨类植物。最早的飞行类动物开始在森林里盘旋，它们就是带翅膀的昆虫。

当时那些绿树和蕨类植物死去后，在适宜的环境中逐渐堆积成层，并被埋在深深的土层里，被挤压得越来越紧。经过数百万年，这些植物的遗体变成了煤，也就是我们今天通过挖掘和钻探采得的用来发电、供暖、给汽车提供动

在地球上最早的森林里，生长着参天大树和成群的巨型昆虫

图片来源：ERIC MIDDELKOOP

力的能源之一。

最早的森林与现在也大有不同，它们制造了地球历史上绝无仅有的大量氧气。有种理论认为，高浓度的氧气使得森林里的动物长到前所未有的大小。如果直面那样的庞然大物，你一定会惊慌失措地跑掉。

如果今天的昆虫生活在那个时期，就是下面的景象：蜻蜓挥舞起双翅飞行，从它翅膀的一端到另一端足足有 70 厘米；更可怕的是巨大的蜈蚣，它重达 100 千克，长约 3 米，用不计其数的腿在地面上爬行。

但突然间，陆地上和海洋里几乎所有的神奇动植物都消失了。生命历史上最大的灾难降临了。人们称之为"大灭绝"，它发生于大约 2.5 亿年前。

德国的一个大型煤矿中，机器在挖煤。事实上，煤是至少 3 亿年前的树木等植物的遗骸，它们来自地球上最早的森林

图片来源：HANS ENGBERS

人们不知道其中的确切原因。有一种推测是，科学家发现俄罗斯的西伯利亚地区，发生了毁灭性强、延续时间长的大规模火山喷发。火山喷发的熔岩如此之多，最终的覆盖面积几乎与整个欧洲一样大。

长期的大规模火山喷发使空气中充满了有毒有害的气体，且导致气温急剧上升，显著地改变了全球气候，使几乎所有的生命都无法逃离死亡的厄运。

当地质学家深入探索地球的特定地层时，他们找到了大量死亡的痕迹。在某一地层，他们发现了许多在寒武纪大爆发期间生活了数百万年的动植物的化石。从这里往上一层则几乎没有化石，再往上就遍布着新生的动植物的化石。

你想见到 3 米长的蜈蚣吗？在大约 3 亿年前，远古蜈蚣虫就如此巨大

图片来源：**PAN STOCK**

人们猜测，几乎所有海洋生物和近四分之三的陆地生物从此灭绝了。在这些灭绝的生物中，就包括像巨型土鳖虫一样的奇怪的三叶虫。

但是，当气候开始恢复正常，海洋也不再炎热不堪时，一件重大的事发生了——恐龙诞生了。

在过去的 5 亿年里，地球上已经出现了 5 次生命大灭绝。人们推测其原因有：地球完全被冰雪覆盖、气候急剧变暖、巨大的火山爆发和陨石撞击。许多人认为，人类正在造成漫长生命史中第六次生命大灭绝

图片来源：JOHAN SWANEPOEL

地球霸主

试想一下，你正在1亿年前的森林里漫步。

这里温暖潮湿，但有股难闻的味道，时不时还能听到远处溪水流过丛林时发出的轻柔声响。

突然，大地开始震颤，起先很弱，接着越来越强，不断向你靠近。你发现自己被笼罩在一个巨大的阴影之中。在内心深处，你多么希望这只是高大的树木投下的阴影啊。你不敢移动。当你终于鼓起勇气抬起头时，心脏几乎停止了跳动。

起初，你眼前的生物看起来像一条异常粗大的巨蛇。但向下看，这条蛇的身体却仿佛有一辆双层巴士那么大，接着，你看到了这个庞然大物身后十分粗壮的尾巴。

你仰起脖子，看到"蛇"头上一双慵懒的眼睛正毫无兴趣地望着你。随后，它继续在几米高的植物旁踱步，接着开始啃食树梢上的枝叶。你做几次深呼吸，让自己冷静下来，然后躲到安全的距离去观察这个庞然大物。

它是阿根廷龙，属于蜥脚类恐龙，也是巨型食草动物。它的重量是8—10辆公交车重量的总和，仅脖子就有15米长，从鼻子到尾巴末端则可能有40米，比三辆公交车连在一起还长。

突然，一只阿根廷龙排出了像小车一样大的排泄物。现在你知道为何刚才会闻到臭味了吧，奇怪的味道就来自如同小山的恐龙粪便呀。

1亿年前，一只阿根廷幼龙和它的爸爸妈妈一起在湖边散步。这种恐龙长度可达40米，近100吨重。在它们头顶盘旋的是翼龙

图片来源：CATMANDO

其实，你来到了恐龙的巅峰时代。它们已经在地球上生存 1 亿多年了，几乎占领了世界的每一个角落。现在它们与以往任何时候相比体型都更大，数量也更多。

这时，远处的天空中传来一阵奇怪的嗡嗡声，就像天鹅从头顶飞过时发出的声音。你不由自主地躲到一株高大的植物下，接着抬起头看向上空。一只翼龙像一架张开巨大双翼的飞机，呼啸着飞越森林。它的喙里紧紧咬着一条

又大又肥的鱼。原来这是一只翼龙妈妈，它正要赶回家给孩子们喂食。

在此之前，从未有过比它更庞大的飞行动物，有些翼龙两翼展开可达 10—11 米，就像连起来的两辆大型客车那么长。

你拨开挡在面前的茂密树叶，来到河边，刚才看到的翼龙应该就是在这里抓到的鱼吧。河的对岸，一只面目狰狞的动物正在低头饮水。它的额头上有两只角，嘴里两排锋利的尖牙散发着冰冷的光芒。还好，它没有发现你。

这是一只食肉牛龙，是同一历史时期最危险的食肉恐龙。它能长到 9 米长，拥有强健的后腿和巨大的爪子，因此可以快速冲向猎物并将其撕成碎块。相比之下，这种恐龙的"胳膊"却出奇的短。

你也许会诧异这为什么不是霸王龙呢？霸王龙是一种众所周知的更大、更重、更危险的食肉恐龙。不过霸王龙在两百万到三百万年后才首次出现。

走到河的上游，你将看到一群体型较小的恐龙在水边的泥潭里散步。它们长得十分漂亮，身上布满了美丽的条纹和蓬松的小羽毛，仿佛放大版的鸵鸟。它们也有喙，只不过喙中还长着小牙齿。如今我们知道，鸟类起源于有羽毛的特定恐龙群。也就是说，湖里的鸭子、树上的八哥和冰箱里的鸡都是恐龙进化而来的。

在河中央，一根漂浮着的干枯的"树干"正睁着两只眼睛望着水面。它就是今天鳄鱼的祖先。地球上遍布蜥蜴和其他爬行动物。大海里也不例外，在那里，长长的海蛇来回游荡，给较为弱小的鱼和乌贼带来了极大的危机感。

太阳很快就要落山了，在天黑之前，你要找一个相对安全的地方睡觉。当你清理开掉落在地上的大树叶时，你会发现一双可爱的小眼睛正从地洞里惊恐地看着你。这是老鼠的祖先。

在恐龙时代还生活着哺乳动物，也就是像人类一样用乳汁喂养幼崽的动物。但这些哺乳动物体型较小，一般只

霸王龙是陆地上最危险的掠食者。它的重量可达10~15吨，从鼻尖到尾巴末端的长度超过12米。人们相信它的撕咬力在所有陆地动物中是最强的。一只成年霸王龙只需几口就能把一个成年人活吞下去

图片来源：**HERSCHEL HOFFMEYER**

在晚上出现，因为白天地球霸主们在各个角落来回游荡，只有夜晚才相对安全。

6 500万年前，哺乳动物突然有了成为世界新霸主的机会。不过前提是，它们必须在一场巨大的自然灾害中幸存下来。

许多恐龙都有羽毛。如今我们见到的鸟类都是从有羽毛的特定恐龙群进化而来的。这是与现代鸟类最为相似的恐龙之一——尾羽龙，体型与孔雀相近

行星撞击

　　想象一个由石头和铁组成、比世界上最高大的山峰珠穆朗玛峰还要高大的庞然大物。它是一颗来自太空的小行星，以大约每小时 7 万千米的极高速度径直飞向地球。

　　它在穿过地球厚厚的大气层时，发出了如同流星一样的绚烂光芒，但当时的动物和植物丝毫没有察觉到它的到来。最后，它坠落在了今天的墨西哥附近。

　　接着，世间万物都发生了变化。

　　在短短的几秒钟之内，撞击处就形成了一个直径 100 千米、深 30 千米的大坑。随后，岩石和土壤如同羽毛一般扬起，尘土和燃烧的石头被抛向了高空的云层。

　　仿佛成千上万颗核弹于同一时间在同一地点爆炸，森林被强大的气压夷为平地，接着地表温度上升，甚至在离火山口几千千米之外的地方都燃起了熊熊烈火。

　　与此同时，伴随着强烈的地震和火山爆发，海浪上升到和摩天大楼一般的高度，发出雷鸣般的轰隆声，强劲有力地冲刷着各地的海岸。

　　渐渐地，整个地球都笼罩在尘埃之中，白天也变成了黑夜。几乎世界所有角落的温度都降到了冰点以下，漫长而又寒冷的冬天席卷大地。

　　不过，其实在小行星撞击地球之前，许多动物已经开始在艰苦的环境下生活。比如今天的印度，在撞击之前，曾有过长时间的火山喷发。火山喷发将大量灰尘和气体释

大约 6 500 万年前，导致恐龙灭绝的小行星比珠穆朗玛峰还要大。人们推断这样大小的行星大约每 1 亿年会撞击地球一次。将来，我们也许可以把撞向地球的小行星撞离它们的轨道，但是这样的做法对于体型较大的行星来说就很难实现了

图片来源：**VADIM SADOVSKI**

英国生物学家查尔斯·达尔文（Charles Darwin）是历史上最伟大的自然科学家。他第一个发现所有动植物都会通过某种特定方式缓慢地变成新的物种，并将这一观点称为进化论。人类就是从已经灭绝的古人类进化而来的，而古人类则从早已不复存在的古猿进化而来。1859年，达尔文将自己的进化理论撰写成文，也就是非常著名的科学书——《物种起源》

图片来源：J. CAMERON

放到大气中，使得太阳光很难穿透云层照射下来。

但来自太空的小行星撞击仍是灾难的主要来源。

大约四分之三的动物都灭绝了，包括所有恐龙——除了一些最容易让人联想到鸟类的恐龙。它们后来逐渐进化为我们今天能见到的拥有羽毛且会飞的动物。

绝大多数恐龙很可能因为不能保持体温而死亡。加之大多数植物都死了，所以它们也很难在这种环境中找到食物。

但是，一些小型哺乳动物在灾难中幸存下来。它们看起来像大老鼠或小熊，裹着厚厚的皮毛外套，藏在地底下靠先前储藏的食物度日。

当尘埃逐渐消散，地球再次回暖后，这些哺乳动物最大的敌人已经从地球上消失了。在之后几百万年的时间里，哺乳动物朝各个方向进化，从中也产生了新的地球霸主。例如，它们进化成了大熊、野马或是重达几吨、站起来时高达六米的树懒。

甚至还有类似于河马的哺乳动物，它们极其热爱大海，因而在几百万年的时间里，它们逐渐进化成鲸、海豚和海豹等海洋动物。

也就是说，蓝鲸——这种世界上现存体型最大的动物，或许也是有史以来最重的动物，实际上是一种古老的陆生动物。在海里，它的四肢逐渐变成了鳍，但它依旧保留了自己的肺，所以蓝鲸和其他海洋哺乳动物不得不时时浮到海面上来呼吸空气。

大海中的鲸和海豚变得尤其聪明。它们拥有强大的大脑和属于自己的语言，这样就可以在遇到危险或见到食物时通知附近的同伴了。

与此同时，地球上出现了植物大爆发。棕榈树、果树、美丽多彩的花和灌木欣然涌现，植物在大陆的各个角落繁荣生长，给大型哺乳动物提供了充足的食物。

终于，第一个人类祖先出现了，它就是古猿，住在丛林的树梢上。作为一个"杂技演员"，它可以毫不费力地从一根树枝上荡到另一根树枝上。它一定有一条可以缠着树枝的长尾巴，甚至有可以抓东西的"手"。

随着时间的推移，一些古猿变成了现代类人猿，某种特定的猿慢慢进化成了我们人类。

如今，我们成了真正的地球之王。我们应该感谢这颗具有毁灭性的伟大的小行星。如果它没有撞击地球，恐龙可能仍然在统治世界，而哺乳动物也永远不会进化成猛犸象、鲸，以及人类。

最早的原猴由生活在树上的哺乳动物进化而来，它们长得很像今天的狐猴

图片来源：ARTMEDIAFACTORY

第二部分

聪明的猴子

我们并非地球上唯一存在过的人类，
很久以前还有过其他人类物种，
我们的祖先也曾与他们之中的一些人繁衍过后代。
但其他远古人类为何都消失了，
我们又是如何成为地球霸主的呢？

古人类

在现今地球上的所有动物中，与人类最为相近的是黑猩猩，不过这并不意味着我们是由黑猩猩进化而来的。但是人类和黑猩猩有着相同的祖先，他们生活在距今 700 多万年前。

我们不太清楚人类的祖先到底长什么样。它们看起来应该既不太像人类，也不太像黑猩猩。出于某种原因，也许是气候变化，同类的猿进化成了不同的物种。

它们之中的一部分进化成了黑猩猩和大猩猩，在茂密又潮湿的森林里生活。还有一部分进化成人类，最初他们主要生活在更为开阔与干燥的非洲大草原上。

世界上最早出现的具有猿类特性的灵长类被我们称为古猿。他们和我们长得不太像——腿较短，胳膊较长，眉骨更突出，胸腔更宽。一开始，他们大都用四肢走路。

但后来，他们开始用后腿站起来直立行走。在非洲发现的数百万年前人类在黏土上留下的印记就可以印证这一观点，因为这些印记都是脚印，没有手印。

这为古人类带来了两大优势。

一个优势是他们能更加容易地发现饥肠辘辘的凶猛的捕食者。当他们站起来时，他们比狮子以及其他隐藏在草丛中的危险动物都要高。同时他们可以更快地攀爬，从而能够更轻易地爬到树上躲避危险。

另一个优势是他们拥有了可以自由支配的手，于是他

植物、动物和人类的外貌是由遗传物质决定的，遗传物质也被称为 DNA。人体的每个细胞中都含有 DNA，它是一种构建身体的指令。一个 DNA 分子非常小，但在高倍显微镜下你可以看到它呈螺旋状，上面有很多"密码"，这些"密码"告诉我们身体是如何构建的

图片来源：SERGEY NIVENS

们开始将石头打磨得更锋利。

渐渐地，锋利的石头在他们手中变成了石斧、石刀和长矛。他们开始用斧头伐木，用刀切肉，还会用锋利的小石块制成的矛捕杀威猛的大型动物。他们也因此获得了比以前更多的肉。

许多人认为，正是这些肉让我们祖先的大脑得以生长。肉和动物脂肪中含有的热量远比植物多。虽然一个成年人的大脑重量不到1.5千克，但它非常"饥饿"，需要消耗人体大约五分之一的能量。

之后，早期智人学会了如何生火，并开始烹饪和烘烤肉类和蔬菜，这无疑给他们的大脑补充了更多的营养，因为煮熟的食物可以被身体更快吸收，并释放能量。

他们会不断敲打石块或摩擦木头，直至温度升高到可以点燃干草。他们也会试着将雷击引发的火苗保存下来。

凭借着工具和聪明才智，不同智人的足迹遍布非洲、欧洲和亚洲。但他们与我们还有很大的差别。

最著名的早期智人要数尼安德特人。他们看起来与我们十分相像，如果给他们穿上漂亮的衣服，他们很可能会泯没于大城市的人群中。细微的差别是他们的脑袋更大，胸腔更宽，眉毛更粗，相较于我们更矮一些。

在之后的几十万年里，智人在亚洲和欧洲四处游荡，用石头制作的武器猎杀动物。晚期智人已经可以制作珠宝，在石洞的墙壁上绘制简单的图画。通过研究他们的颈骨，我们大致可以推断他们是会说话的，也就是说，他们有属于自己的语言。所以他们一点儿也不笨。

而最初的智人是从非洲起源的。

 尼安德特人和我们极为相似。很有可能
我们的祖先曾经与他们繁衍过后代，也就是
说，今天几乎所有人的遗传物质中，可能有
尼安德特人的印记

有智慧的人

"智人"是我们人类最初的名字，它的意思是"有智慧的人"。引起人们注意的早期智人被发现于德国杜塞尔多夫附近的河谷的一个洞穴里。

而在法国多尔多涅省莱塞济附近的古老的洞穴里，科学家发现了晚期智人化石，包括至少五个人的牙齿、下颚和头骨，他们几乎和我们完全一样。

可以印证，在几百万年前，我们人类的足迹遍布非洲大部分地区。但后来——大约 10 万年前——我们的一些远古祖先开始从这块大陆迁移出来。他们一定有许多充满血雨腥风的危险奇遇。

在那之后的时间里，他们踏上了印度、中国，甚至澳大利亚的土地。

那时正逢地球的第四纪大冰期。地球表面大部分的水都结了冰。例如，挪威、瑞典、英国和丹麦的大部分地区表面都积着近 1 000 米厚的冰。在格陵兰岛、南极洲和南极圈周围的冰比今天要多。

出于同样的原因，海平面下降，海洋里的陆地露出。而此后，随着温度上升，冰雪融化，海平面上升了 100 多米。所以今天大家看到的海洋，在那时很大一部分都是遍布着森林、河流和沼泽的陆地。

因此，对我们的远古祖先来说，来到新大陆并不是极其困难的，如今，那些新大陆已经成为茫茫大海之中的岛屿。

那时，他们可能会乘着木筏或挖空的树干航行几千米，抵达他们能看到的海岸。通过这种方式，他们最终到达了澳大利亚。而如今，澳大利亚成为一个硕大的岛屿，与它最近的一个国家巴布亚新几内亚之间的距离也至少有 150 千米。

这一切发生在约 6 万年前。所有迹象都表明，我们的远古祖先抵达遥远的澳大利亚的时间比他们来到欧洲还要早几万年，尽管欧洲更靠近北非。

澳大利亚世居居民是大约 6 万年前到达这片大陆的古人类的后裔

图片来源：CHAMELEONSEYE

如今，在澳大利亚仍然生活着这些远古人类的后裔。他们依然坚守着自己神圣的传统。大约 400 年前，欧洲人第一次发现了这些部落。

在走出非洲的漫长旅途中，我们的远古祖先遇到了与他们非常相似的人。

我们的远古祖先甚至和其他远古人类孕育了后代。这一点从现代人的 DNA 中就可以得到印证。

人们在澳大利亚世居居民的 DNA 中发现了由几乎不为人知的远古人类——丹尼索瓦人遗传下来的基因。事实上，欧洲、亚洲、美洲和大洋洲的人类都有 1%—4% 的基因遗传自尼安德特人。

这意味着，也许人类的远古祖先曾与尼安德特人在 5 万年前相遇并繁衍了后代。有科学家认为，欧洲白种人的皮肤在阳光照射下会变红，继而变棕的特征就源自尼安德特人。这就是我们从他们身上继承的"遗产"。

　　然而，尼安德特人突然从地球上消失了。丹尼索瓦人和其他与我们相似的古人类很快也相继灭绝了。于是，智人成为地球上唯一的人类物种，生存了下来。

巨型动物

在大约 6 万年前，当远古人类第一次踏上澳大利亚的土地时，他们一定倍感惊讶，因为这里到处都是奇特的大型动物：巨型袋鼠，200 千克重、和鸵鸟一样大的鸟，以及形似犀牛、重达数吨的双门齿兽。

这些奇妙的动物已经在澳大利亚生活了数百万年，但在远古人类到达这里后的几千年中，这些巨型动物就灭绝了。

类似的历史也在欧洲和亚洲北部上演，那里曾经有数百万头野马、野牛、长毛犀牛和猛犸象，它们原本从容地在草原上生活。

图为大约 4 万年前，远古人类第一次到达欧洲时可能看到的野生动物生活的场景。图中巨大的动物分别是长毛猛犸象、野马和长毛犀牛。在雪地里，一群洞狮杀死了一只驯鹿。如今，除了驯鹿，图中的其他动物都灭绝了

图片来源：**MAURICIO ANTÓN**

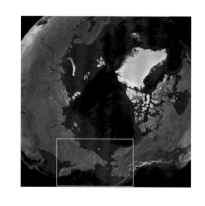

大约 2 万年前，人类长途跋涉，途经严寒又平坦的白令陆桥，第一次踏上美洲大陆。如今，白令陆桥被海水淹没，成为白令海峡，这曾是亚洲和北美洲大陆间的最短路线。图中黄色的方框的左边是亚洲，右边是北美洲

图片来源：NASA

　　猛犸象是现已灭绝的最为著名的"战士"。它的个头和非洲象差不多大，全身覆盖着厚厚的皮毛，以此抵御北半球寒冷的气候。大约几千年前，猛犸象几乎灭绝了。只有极少数猛犸象在北部没人的小岛上幸存下来，但最终它们也死了。

　　大约 2 万年前，地球上仍旧是一片冰天雪地。在这个巨大的冰川世界中，海平面比今天低很多，所以远古人类可以从亚洲的东西伯利亚迁移到北美的阿拉斯加——连脚都不会被弄湿。

　　这片现在被海水淹没的陆地被称为白令陆桥，它成为远古人类通往世界上其他新生活场所的高速公路。

　　大约 1.5 万年前—1.2 万年前，大量冰雪融化，海水涌向寒冷的白令陆桥。这意味着大洋彼岸的美洲人不得不切断与亚洲老家的联系。此后，他们开始向南流浪，经过几千年的漫长岁月，他们终于抵达了现在的美国，并继续向南，进一步深入到南美洲的最南端。在迁徙途中，他们的人数也越来越多。

　　在这时，人类已经在除南极以外的其他所有大陆上定居。因为南极实在太过严寒，人类无法长期在此生存。

　　当人们第一次到达美洲时，他们眼前的场景与在欧洲时相似——到处都是大型动物，有猛犸象、巨型海狸、剑齿虎、汽车大小的雕齿兽、野马、麝牛、野牛以及你之前了解的巨型树懒。

　　然而在之后的几千年里，这些动物相继灭绝，最终只有野牛和麝牛生存了下来。

有人认为，在北美洲、欧洲、亚洲和澳大利亚，诸多
动物死亡最重要的原因是气候变化。那时，地球与太阳之
间的倾角发生改变，地球受到充足的阳光照射，从而全球
变暖，冰雪融化。

高温对植被的生长也造成了影响，因此大型动物的食
物开始短缺。

不过，你有没有觉得有些奇怪呢——那些已经生活了
数百万年的大型动物，几乎都是在我们的祖先移居此地的
同一时期开始相继灭绝的，这之间有什么关联吗？而且在
此之前的漫长时间里，它们已经经历了不计其数的气候变
化，但依旧存活了下来。

我们很容易产生疑问：也许是那些饥饿又勇猛的猎人

北美洲的巨型雕齿兽的
外形大致如图所示。它有汽
车大小，但在人类开始在这
片古老的土地上繁衍生息
后，大约 1 万年前，这种巨
型动物就渐渐灭绝了

图片来源：**PAVEL RIHA**

大肆捕杀大型动物，最终导致了它们的灭绝。然而我们不知道这样的猜想正确与否。不过，可以确信的是，远古人类会用火烧毁森林和草原。动物在森林中疯狂逃窜，而在大火之后，远古人类便可以找到奄奄一息或已经被烧焦的动物作为食物。这是远古人类的狩猎方式之一。

我们还知道远古人类会用长矛追赶大型动物，这样做一定很危险。一头猛犸象可以长到 4 米高，8 吨重，远古人类无疑会激发它的斗志，它转眼就变成了愤怒的"公象"。

但也许猎人们会使用狗——世界上最早被驯化的动物——来追赶受伤的猛犸象，把它逼到角落里。

之后，他们可以轻易地用长矛杀死它，而如狼一样凶

也许猎人会把猛犸象赶到悬崖边上。这些大型动物最终从高处落下，摔死在地上

图片来源：ESTEBAN DE ARMAS

猛的狗也可以得到奖赏。

在东欧，人们发现了仅由猛犸象骨骼、皮毛和象牙建成的棚屋遗址。这些是令人难以置信的耐用的建筑材料，而且数量惊人。

当然，这并不意味着所有骨头被用来搭建棚屋的猛犸象都死于远古人类之手，肯定也有一些是因疾病或衰老而亡。

我们的祖先也曾对猛犸象充满敬畏，或许他们将这些巨兽视为上天的馈赠。远古人类在许多洞穴深处绘制了猛犸象、洞熊、犀牛和野牛的壁画。

不过，杀死一头猛犸象，一群人就拥有了可以维持几周生存的食物。他们还可以把猛犸象身上厚厚的皮毛剥下来，缝成裤子、鞋、大衣和帽子，用于抵御严寒和风雪。

在寒冷的西伯利亚，人们在猛犸象的冰冻遗骸中发现了用猛犸象的牙制成的矛尖。因此，这些迹象都表明，人类的确曾经特意猎杀过猛犸象。

然而，当成群的大型动物数量急剧减少时，远古人类开始挨饿。因此，从长远来看，杀戮这些巨兽并不是好办法。

与此同时，海平面上升，海水吞噬了大部分陆地，远古人类的生存变得愈发艰难。

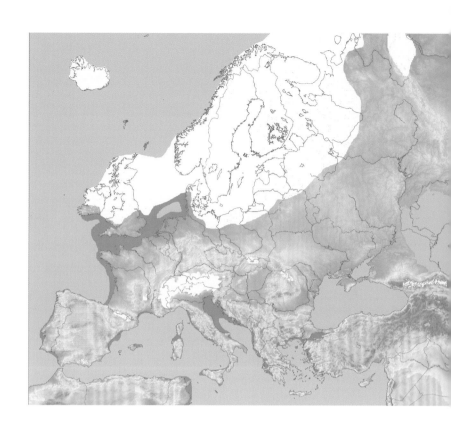

2万年前，欧洲地图应该这样绘制。北欧完全是冰雪世界，几乎整个丹麦都被冰雪覆盖。在丹麦日德兰半岛和英国之间都是陆地，那里遍布湖泊和白桦林，猎人和猛犸象在林中漫步。这片土地被称为多格兰，大约8000年前，这里被海水淹没

图片来源：ULAMM

海平面上升

1.2万年前，地球上的温度越来越高，北欧地区的冰雪开始融化，海平面上升。海岸附近的很多土地都被海水淹没了，住在这里的猎人和渔民失去了居所。

被海水淹没的不仅仅是白令陆桥。同样的情况在德国、英国和丹麦所在的区域重现——北海形成了。

也就是说，在大海扩张之前，人类可以从英国徒步走到位于日德兰半岛的丹麦，沿着河流继续走，甚至可以前往瑞典，因为在那时，丹麦的菲英岛和西兰岛还没有成为岛屿。

人们将丹麦和英国之间的巨大陆地称为多格兰。这里

到处是森林、草地和沼泽，遍布着河流、峡湾和湖泊。陆地上，野牛、鹿还有猛犸象悠然自得地吃着草。这里完全是狩猎和捕鱼的天堂。

我们之所以知道这些，是因为今天的渔民在北海捕鱼时，打捞出了许多矛尖、树根、古老的渔具和陆生动物的骨头等。

随着时间的推移，海平面缓缓上升，多格兰陆地变得越来越小。而就在大约 8 000 年前的一天，巨大的灾难降临了。

在挪威海岸线以外的大西洋海底耸立着又高又陡的悬崖。刹那间，一个和丹麦面积差不多大的悬崖崩塌，在大海深处引起了巨大的震荡。

到底是什么引发了这场灾难，我们还不得而知。也许是地震，也许是海水变暖，海底冻结的气体突然"融化"，引起了爆炸。

海底剧烈的震动掀起海水，形成巨大的波浪——倏忽间，海啸席卷海岸。法罗群岛和设得兰群岛遭受了至少 20 米高的海浪袭击，海啸进一步向现在的北海推进，淹没了大片多格兰低地。

我们只能猜测这场灾难给多格兰人带来了多大的破坏——海啸巨大的杀伤力很可能吞没了成百上千人。

灾难的幸存者一定被迫涉水而行，到地势较高的地方去寻找新的居所。

最后，在北海中央，只留下了一块面积还算可观的多格兰陆地，几千年后，这块陆地也被淹没了。如今，这片

一想到几千年前北海还不存在就会觉得很奇怪。大约 1 万年前，人们可以从日德兰半岛的西海岸一直走到今天的英格兰和苏格兰，前者与后两者相距大约 600 千米。但是后来因为冰雪融化，海平面上升了大约 100 米

浅滩被称为多格滩，是捕鱼的好地方。

如今，海平面再次开始上升。因此在未来，许多人可能要被迫离开被海水侵扰的海岸和港口城市。

农业诞生

现在，我们身处大约 1 万年前的地球上。那时没有城市，只有小规模的聚居地。沿海的大片陆地被海水冲毁，可供捕猎的大型动物也远不如以前多。

人类的生存危机迫在眉睫，要采取一些行动了。

在如今的西亚、东亚地区和中南美洲，原始农业兴起

水稻、大麦、小麦和豆类等农作物的种子的形状与颜色各不相同。当人类学会播种和收割后，同样一块土地就可以养活更多的人

图片来源：ABOIKIS

了。因为这个"发明"，城市开始形成并迅猛发展，地球上的人口成倍增长。人们创造了文字，开始制造商品并把它们卖到远方。

在西亚，人们发现，一种高草上的种子可以在晒干、碾碎之后制成面粉。面粉与水混合，就能在火上烤成煎饼。

因此，那里的人们开始收集类似我们如今常见的小麦或大麦的种子，接着将种子播撒在住所附近的土壤里。而在东亚，人们则开始种植粟和水稻。

如果有足够的雨水，种子就会生根发芽，长出美好的带有新种子的谷类植物。之后就是收获种子，把它们晒干、碾碎，最后烘烤出美味的食物。

人们还发现，不需要总是到森林里或草原上通过狩猎来获取肉类。相反，可以抓捕野猪、公牛或野山羊，把它们关进笼子里，然后用谷物的秸秆喂养它们。其间，还能从母牛和母羊身上挤出新鲜的乳汁。这样一来，人们不仅得到了肉，也获得了奶和动物的皮毛。家畜产生了。

突然间，这些曾经用来狩猎、采集浆果、水果和坚果的土地可以养育原来的 50 倍，甚至 100 倍的人口。

人们不再需要通过迁徙来寻找食物。因此，他们开始建造更坚固的房子。一栋栋房屋如雨后春笋般拔地而起，小的街道出现了。首领们获得了更多的权力，他们中的一些人成了国王、法老或皇帝。这些人不仅拥有自己的士兵，还开始建造宏伟的宫殿。

农民的生活充满了艰辛。大多数时候，他们都得弯着腰在地里干活，锄草、犁地、收割，日出而作，日落而息。

此外，他们还要挖通水渠，将河水引向田地，灌溉干旱的农作物；给喂养的牲畜喂食、挤奶，清理棚中的粪便。

相较以前，农民的食物变得单一，不利于健康。面包和煎饼里的维生素和其他营养成分远不如各种坚果、草木和浆果里的多，他们摄入的肉和牛奶也不够。与此同时，由于繁重的劳作，许多人都忍受着背部和肩膀的剧烈疼痛。疾病和劳累导致大多数人都不长寿，通常只能活到30—35岁。

然而，农业的发明仍是一项伟大的创举，并在地球的各个角落，比如土耳其、希腊和埃及纷纷涌现。中国、印

埃及古城遗址。世界上最早的城市大致如此

图片来源：ANTHON JACKSON

如今在一些国家，农民
仍然会用牛耕地

图片来源：ISARESCHEEWIN

度和新几内亚的人们主要种植水稻、甘蔗、香蕉和豆类等。美洲的人们开始种植土豆和玉米。

与此同时，更多的野生动物被驯养成家畜，鸡就是其中之一，人们也得到了鸡蛋。不过，意义最为重大的还要数驯服牛和马。

驯服牛和马是极其明智的选择，因为它们不仅可以在播种时犁地，还可以牵引四轮车把沉重的货物从田野里运到城镇。骑在马背上，人们可以更快到达更远的地方，也使得城镇之间的通信更加便捷。

就这样，农业几乎以闪电般的速度出现在全世界。尽管人越来越多，但是地球上仍然有一些令人惊奇的地方没有被人发现。

远　航

太平洋最宽的地方近 2 万千米，这个长度几乎可以绕地球半圈。它是世界上最大的海洋，面积几乎占整个地球表面积的三分之一。

太平洋上，世界上最大、最危险的风暴肆虐。在美洲、亚洲和澳大利亚之间，只有无边无际的蓝色海洋，有的地方深达十几千米。

岛屿之间相距数千千米，它们就像蓝色沙漠中散落的绿洲。其中有的岛屿由火山喷发物堆积而成，高高耸立；有的则由珊瑚礁组成，地势较低。

18 世纪，欧洲的探险家们乘着巨大的帆船驶入太平洋。经过数周的航行，他们终于登上远处的一个不知名的小棕榈岛。他们原以为自己是最先来到岛上的人，但几乎每到一处，他们都会遇到原住民，这些人的祖辈来到这里已经有几百年甚至上千年了。

在遥远的过去，既没有先进的船只，也没有指南针，人们究竟是如何找到正确航线的呢？

答案是他们依靠勇气、智慧和前人留下来的数千年在浩瀚海洋中探索和生存的经验。

发现太平洋岛屿的人大多数都是波利尼西亚人。他们在公元初年前就乘着轻木舟从东南亚出发，向未知的远方航行。

他们愿意冒着巨大的风险出海远航一定是有原因的。

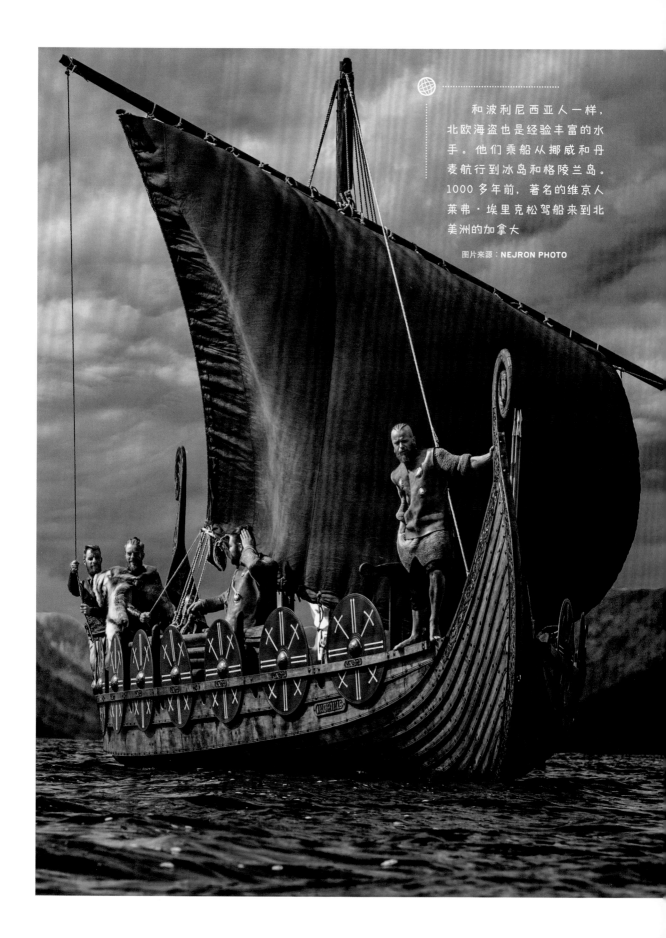

和波利尼西亚人一样，北欧海盗也是经验丰富的水手。他们乘船从挪威和丹麦航行到冰岛和格陵兰岛。1000多年前，著名的维京人莱弗·埃里克松驾船来到北美洲的加拿大

图片来源：NEJRON PHOTO

也许是因为在他们原本所在的岛屿上没有充足的食物，人们为有限的资源打斗，从而引发了部落之间的战争。也有可能是部落头领下达的命令，让他们选择，要么被杀，要么远航去寻找一个新的岛屿定居。当然，人们会选择后者，尽管他们都知道其中隐藏着致命的风险。

不过，波利尼西亚人在决定派遣三四十人，甚至五十人的大家庭前往无边无际的大海之前，他们已经派出了侦察队。这些人的目标不仅仅是找到适宜居住的小岛，还要找到往返的路，这样才能把部落的人顺利带到发现的新岛上。

侦察队里一般都是年轻人，他们早已从父亲和祖父那里学到在大海上需要时刻关注的秘密信号。

在晴朗的夜晚，他们会抬头仰望星空，天空中发光的亮点就是他们的地图。比如，他们会密切关注南十字星座，因为它总是指向南方。

在白天，他们会研究波浪的形状，因为当附近有陆地时，波浪会发生轻微的变化。他们还会观察远处的云，因为云在陆地上空时也会呈现特定的形状。他们也会观察天上的飞鸟，因为有的鸟无法飞离它们的巢太远，看到这些鸟就表明他们离陆地很近了。

他们还会看向水里，寻找是否有茂密的树枝或新鲜的椰子，因为它们可能是从附近的岛上漂来的。

通过这些方法，他们在太平洋辽阔的海域中发现许多全新的岛屿，但每次几乎都要花费数周时间。在途中，他们可能要经历海上的风暴，要忍受饥饿严寒，还要做好随时与鲨鱼斗争的准备。

但是，他们如果完成了任务，就成了真正的英雄。他们可以自豪地拯救家人，带领他们在太平洋中物产丰盛、从未有人居住过的岛屿上开启新生活。

这些岛屿就是今天的夏威夷、萨摩亚、塔希提和复活节岛等。大约 800 年前，波利尼西亚人发现了位于澳大利亚东部，面积可观的新西兰。他们把它命名为奥特亚罗瓦（Aotearoa），意思是"长白云之乡"。

人类的足迹几乎遍布地球的每一个角落。

人类改变一切

　　几千年前，几乎整个欧洲都被茂密的森林覆盖，放眼望去到处都是狼、熊和郁郁葱葱的树木。但在之后几千年的时间里，大片的野生森林消失了。

　　人类通过砍伐树木或烧毁森林，为农田创造更多的空间。公元1800年左右，丹麦只有2%的土地被森林覆盖，比今天还小得多。其余的土地主要是田野、草地、荒野和城镇。

　　人类对广袤的陆地表面进行大量"改造"，不过这样做是有代价的。

　　在如今南美洲的秘鲁，当地的古纳斯卡人于公元300年左右开始大肆砍伐生长了数千年的huarango树，就是为了用这块地种植玉米和棉花。

　　因为huarango的树根深深地扎在泥土里，在极其干燥的气候条件下，它们可以帮助保持土壤的湿润和稳固。当人们将树木砍掉之后，土壤变干，变成沙漠，什么都无法耕种了。

　　而在南美洲以外，位于太平洋上的复活节岛情况更糟。当波利尼西亚人乘木舟航行几千千米到达这座小岛时，岛上完全被茂密的棕榈树森林所覆盖。

　　但波利尼西亚人将森林夷为平地，开垦为田地，把砍下来的树木用作建造房屋和出海打鱼的船只。他们甚至砍倒了一大批树，以便把巨大的石像从岛北端的采石场运到

图片来源：SKREIDZELEU

直到大约 500 年前，太平洋上的复活节岛上面仍然满是高大的棕榈树。在岛上的居民大肆砍伐树木之后，新的树也无法成长了。因此，今天的复活节岛主要被青草覆盖。但古老又神秘的石像仍然静静地矗立着

海边去。

当高大的棕榈树逐渐消失时，来自海洋的强风毫无遮拦地吹过陆地，以至于小树无法深深扎根，茁壮成长。

这无疑给岛上的居民带来了巨大的灾难。他们开始食不果腹，最终战争爆发。

不过，也有一些人以其他方式改变了地球。

16 世纪初期，欧洲人开始乘坐更大的帆船在海洋上航行。他们不断侵占新的土地，并无止境地掠夺黄金、香料和其他财富。

就这样，西班牙人和葡萄牙人发现了美洲大陆。他们在经过穿越大西洋的漫长旅途后，给世居美洲的人们带去

了无法抵抗的疾病。结果，南美洲和中美洲不计其数的居民死于水痘、荨麻疹甚至流感这样的疾病。

很快，最初到达的人成了少数，这块大陆几乎完全被西班牙人和葡萄牙人征服了，他们也开始在当地普及自己的文化和语言。

与此同时，欧洲国家和美国开始向非洲派遣载有士兵的船只，到那里抓捕当地的年轻男女。这些非洲人像动物一样被铁链锁住，关押在船底，被贩卖到大西洋的另一端。途中，成百上千的人死于饥饿和疾病。

到达欧洲和美国后，他们成为白人的奴隶，从早到晚都被派到地里劳作，许多人还会遭到鞭打和惩罚。

许多荒野都是人类活动的产物。从前，这些地方都长满茂密的森林，古人类大肆砍伐树木，将它们改造为田地。此后，土地变得越来越贫瘠，逐渐变成了荒野

图片来源：**PHILL RODHAM**

不过，并不是只有欧洲人和美国人从非洲抓奴隶。阿拉伯人也贩卖了大量黑人。

在此期间，地球上的人数还是有所增长。不可否认，从中世纪到 19 世纪，致命的鼠疫在欧洲和亚洲夺去了无数人的生命。比如在 1711 年，哥本哈根三分之一的人口均死于鼠疫。

人们逐渐开始掩埋臭气熏天、满是粪便和垃圾的沟渠，那里是人类和动物的疾病传播的来源。此后，死亡的人数也愈来愈少。

当我们的祖先在大约 10 万年前走出非洲时，地球上像他们这样的人可能还不到 10 万，估计和如今生活在埃斯比约这座丹麦小城的人口差不多。

在农业出现时，地球上的人类大约有 500 万。农业发展一年以后，就达到两亿人了。

而在 1800 年左右，地球总人口突破 10 亿。显然，我们已经成为占有主导地位的地球新霸主。在接下来的 200 年里，我们对地球和地球上的其他生命产生了更加深远的影响。

人类开始新的发明创造，工业时代和信息时代接踵而至。关于我们是如何影响地球和地球上其他的生命的，在本书的最后一章我们将揭晓答案。

现在，让我们走近地球上比人类更强大的力量。

鼠疫，又称黑死病。在中世纪，这种被称为
黑色杀手的疾病夺走了欧洲和亚洲数百万人的生
命。在捷克人骨教堂的地窖里，堆积着几万人的
骨头，以纪念因这种致命疾病死去的人们

图片来源：**JOSE L VILCHEZ**

第三部分

地球的强大力量

地球蕴藏着人类无法控制的强大力量。我们要穿越地球历史上最严重的自然灾害——可怕的地震、疯狂的火山爆发和惊人的风暴。

未知的深海

我们常说我们对火星和月球表面的了解远比对海洋的了解多。

这样说并不是毫无根据，因为当你潜入几百米深的海下时，就到了阳光无法穿透、伸手不见五指的漆黑世界。

用潜艇探索海洋也困难重重。只有用极其昂贵、坚固的特殊材料制成的潜艇才能承受1千米深甚至更深处的水压。而海洋的平均深度约为4千米，有的地方甚至深达10千米。

尽管如此，我们还是对海底的面貌有了一些了解。这主要得益于一种"声音机器"，也就是声呐。

声呐将声波从船上发射到海底。当声波遇到海洋中的物体，声呐仪就能捕捉到物体的"影子"，并将图像传至船上的屏幕。通过这种方式，人们在深海中发现了神话般的奇妙事物，比如海底最长的山脉、巨大的火山、地球上最深的海沟以及沉入海底的古代大陆的遗迹。

海洋深处奇幻的原始地貌是地球的巨大力量塑造的。

之前我们提到过，所有的陆地和海洋都分布在大大小小的板块上，这些板块被称为大陆板块。

大陆板块的底部不断接收地球内部的热量，逐渐变软，因此这些板块会以每年几厘米的速度朝不同方向缓慢移动。

在有的地方，两个板块直接在海床下互相挤压，直到其中一个板块钻到另一个板块的下面。这种情况发生时，

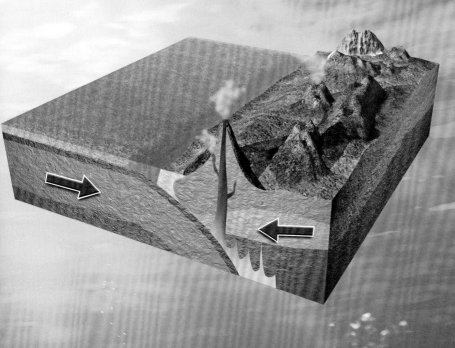

最强烈的地震和火山爆发一般发生在海底两块大陆板块碰撞的地区。较重的板块会钻到较轻的板块下方，引发剧烈的颠簸，导致板块上的万物开始摇晃。板块之间的剧烈碰撞也可能影响地球熔化的内部，促使火山爆发。这种地震在印度尼西亚等国常会发生

图片来源：VITORIANO JUNIOR

会释放大量的破坏性能量。一时间地动山摇，地震发生了。

强烈的海洋地震会产生巨大的能量，几千米深的海水也随之发生运动，由此引发了海啸。这是一种极其危险的波浪，以飞机飞行时的速度向陆地进发。

当海啸席卷海岸附近的浅水时，它的速度减慢，但上升得越来越高，最终如同近十米高的水墙在陆地上坍塌，淹没城市和田野。关于海啸的更多内容我将在本书后面的章节细细道来。

当海洋板块和大陆板块相互挤压，薄且位置较低的海洋板块会向大陆板块之下俯冲直至被地下的高温熔化、消亡。在它们的交界处会形成一条深深的沟壑——海沟，人们称之为深海坟墓。

地球上最深的深海坟墓是马里亚纳海沟。它长 2 000

1960 年，两名男子首次潜入世界最深的地方——太平洋上最深处超过 11 千米的挑战者深渊。他们搭载的"里雅斯特"号深潜器完成了使命。在他们接近海底时，潜艇上一扇很厚的窗户由于巨大的水压出现裂痕。2012 年，著名电影导演詹姆斯·卡梅隆独自乘坐潜艇深海"挑战者"号再次探底马里亚纳海沟

图片来源：美国海军

多千米，位于日本和菲律宾附近的太平洋海域，这条海沟大部分区域深 8—9 千米，最深处超过 11 千米，被称为"挑战者深渊"。

如果将世界上最高的山峰珠穆朗玛峰放在挑战者深渊的最深处，其峰顶离海面还有至少 2 千米。

虽然听起来就很疯狂，但确实曾有人到访过挑战者深渊，而且去过两次。

他们搭载着能承受巨大水压的特殊潜艇潜入水中。要知道，挑战者深渊底部的水压要比陆地上的大气压强高出 1 000 多倍。

尽管如此，仍然有动物生活在这个寒冷、黑暗的地方，比如一些小虾。而在更高处生活着一种奇怪的鱼，它们的身体会发光，似乎天生带着"灯"。当它们捕捉猎物时，可以在黑暗中点亮自己的身体。

在大西洋中部的海底，情况则完全相反。大陆板块在这里背道而驰、相互分离，使大西洋以缓慢的速度越变越宽。由于地幔物质涌出，冷却凝结形成新的地壳，因此海底也不断扩张。

同时，在地幔物质对流上升的托顶作用下，海床上形成连绵起伏的巨大山脊。世界上最长的山链由此诞生，被人们称为大西洋中脊。它平均高度约为 3 千米，如一条长长的丝带，从冰岛附近一直延伸到南纬 40°，穿过了整个大西洋。

在有的地方，火山喷发的堆积物会高出海面，变成岛屿。到目前为止，最大的火山岛就是冰岛，它常被人们称

这种深海鱼拥有发光的器官，它可以在漆黑的深海中发光

图片来源：**SUPERJOSEPH**

为"冰与火的国度"，因为在这里磅礴无际的冰川上坐落着许多火山。

在海洋的其他地方，一些火山高高耸立在海面上，因为它们的脚下是"热点"，因此也被称为"热点火山"。热点是一个巨大的岩浆库，也就是位于海床下的熔岩。从这里，炽热的熔岩穿过地壳的裂缝到达海面，并在数百万年的时间里逐渐形成巨大的火山。

这些火山岛中最让人印象深刻的当数太平洋上的夏威夷群岛。坐落在这里的茂纳凯亚火山海平面以上部分高达4 207 米。而海下的景象则更加壮观，这座火山向海下足足延伸了近 6 千米。

因此，夏威夷群岛上最高的茂纳凯亚火山从海底到山顶大约 10 千米高。从这个角度讲，它可以被称作世界上最高的山。那么，陆地上的山脉又是如何形成的呢？

夏威夷火山喷发出的熔岩流入太平洋，使海水沸腾。夏威夷所有的岛屿都是由火山喷发形成的，这些火山岛底部在海平面以下 6 千米的海底

图片来源：YVONNE BAUR

山的起源

试想一下，几乎世界上所有的高山都曾坐落在海底，是不是觉得很神奇？人们在海拔8 848.86米的珠穆朗玛峰峰顶附近发现了古代贝壳的遗迹，成为这一观点的重要佐证。

在欧洲的阿尔卑斯山上也是如此。

这一切是如何发生的呢？

让我们先来看看喜马拉雅山脉。它是世界上最大、最高的山脉，主要位于中国。世界上14座海拔超过8 000米的山峰中有10座聚集在喜马拉雅山脉，最高峰珠穆朗玛峰就是其中之一。

相对于南极和北极，人们有时会将喜马拉雅山脉和周边其他山脉统称为"第三极"。山上到处都是冰雪和正在融化的冰川，从而形成了几条世界著名的河流。它们主要流经中国、印度和巴基斯坦等国，为地球上大约四分之一的人口带来了生命之源。

但是，在大约5 000万年前，世界上还没有喜马拉雅山脉。那时的印度半岛仍是一个巨大的岛屿，和格陵兰岛差不多。

数百万年前，印度半岛所在的印度洋板块开始缓慢向北移动。突然，印度洋板块与亚欧板块相撞，两个板块之间的边界就像纸的边缘一样向上拱起。

从此，喜马拉雅山脉产生了，并以缓慢的速度增高，直插云霄。直至今天，这两个板块仍在相互挤压，因此喜

喜马拉雅山脉是世界上最高大宏伟的山脉。左图中较暗的山是世界最高峰——珠穆朗玛峰，海拔8 848.86米。喜马拉雅山是由印度洋板块和亚欧板块剧烈碰撞形成的

图片来源：ZZVET

马拉雅山脉的高度还在以平均每年 1 厘米的速度增长。

类似的事情也发生在世界上最长的山脉——南美洲的安第斯山脉的身上。欧洲的阿尔卑斯山脉同样如此，在瑞士和奥地利境内的部分尤为明显。

整个非洲板块向亚欧板块移动并与其发生碰撞。因此，欧洲中部被"卷在一起"，形成的褶皱就是阿尔卑斯山脉。

位于非洲和欧洲之间的是地中海。不过，这片温暖美丽的大海曾经并不是这样。

连接地中海与大西洋的唯一海上通道就是蔚为壮观的直布罗陀海峡。它是位于欧洲的西班牙和非洲的摩洛哥之间的一片狭长水域。但在大约 600 万年前，由于非洲与欧洲所在的大陆板块相互挤压，海峡被"关闭"了。

古地中海的海水不断蒸发，几乎快要干涸，变成了一个无比巨大又深不见底的热沙漠。其实，这个热沙漠堪称陆地上最深的地方——就像一个深达千米的滚烫的巨型浴缸。

但从那时起大约 60 万年后，原本堵在西班牙和摩洛哥之间的岩石裂开了，大西洋的海水如高达上千米的巨大瀑布涌入这个热沙漠。

人们推测，这个"大浴缸"中的水以每天 10 米的速度上涨，仅仅几年时间，"大浴缸"就重新注满了水。现在的地中海由此形成了。

但是，非洲板块仍然在向欧洲推进，也许在大约 5 000 万年后地中海就完全消失了。两大洲的交界处可能会出现一座新的高山取而代之。

中东的死海是一个大盐湖，湖面低于海平面400多米，位于地球陆地最低点。大量的盐使水的密度增大，所以你可以轻松地浮在水面上

图片来源：HRECHENIUK OLEKSII

地震和海啸

地球上每天都会发生成千上万次小地震。绝大多数我们基本感觉不到，但几乎每年都会发生几次大地震，导致房屋和桥梁倒塌，田地和道路断裂，还有人与动物的伤亡。

几乎所有的强震都发生在大陆板块相接的狭长地带。这些区域通常被称为断裂带，其中最为危险的就是"环太平洋火圈"。

环太平洋火圈是指沿太平洋海岸线分布，火山和地震频发的环状区域。称之为"火圈"是因为全球近四分之三的大规模的火山喷发和五分之四以上的超强地震都在这里发生。这一切灾难的起因是多个大陆板块挤压太平洋板块，而陆地和海洋的边缘就是挤压强烈的地带。

换句话说，长期以来，太平洋板块一直不断地受到位于四面八方的其他板块的"攻击"，以致地壳的张力越来越大。最终，一个板块"屈服"于另一个板块，接着，地震就发生了。

2004 年 12 月 26 日，在位于环太平洋火圈的印度尼西亚苏门答腊岛附近，发生了强烈地震。此次地震位列有记录以来世界上最大地震的前五名。这场灾难的起因是印度洋板块边缘的断裂带中的岩石发生错动，地层断层，上部上移，产生的能量就像几亿吨 TNT 炸药同时爆炸。

然而，最糟糕的还在后头。在 1 000 多千米长的海底断裂带附近，地震产生的巨大能量直接作用于海床上方所

2016 年，在南美洲的厄瓜多尔发生了 7.8 级地震，图为灾难发生后的场景。地震造成部分道路开裂，局部可达一米多深

图片来源：FOTOS593

地震级数

地震以地震波的形式释放出来的能量用震级来表示，震级差一级，地震能量差30—32倍。7级地震以地震波的形式释放出来的能量是6级地震以地震波的形式释放出来的能量的30—32倍。这意味着8级地震所释放的能量是6级地震所释放的能量的约1 000倍，是4级地震所释放的能量的约100万倍。据20世纪的资料统计，全世界平均每年会发生7级以上地震约17—18次、8级以上特大地震约1—2次。人类历史上记录到震级最大的地震发生在1960年南美洲的智利，震级约为9.5级。

0—1.9级：非常微弱，只能用仪器来测量，每天会发生成千上万次。

2—2.9级：几乎感觉不到震动。

3—3.9级：能感觉到微弱震动。

4—4.9级：房屋轻微摇晃，发出咯吱声，衣柜里的衣架摆动。

5—5.9级：高处的东西掉下，房屋出现裂缝。

6—6.9级：破旧的房屋倒塌，可能出现人员伤亡，每年发生100多次。

7—7.9级：出现更大范围的破坏。

8—8.9级：大规模严重破坏，死伤众多，地表开裂，陆地出现上升或下降。发生频率大概是一年一次。

+9.0级：破坏力极强，地面景观发生剧变，死伤严重。

图为巨大海啸袭击海岸的景象。海啸通常由海底地震引发，地震释放的能量作用于海水，随后，长达200多千米的海浪以飞机飞行时的速度轰鸣着极速冲向海岸。到达海岸附近时，海浪的速度减慢，海浪上升得越来越高。在历史上，曾多次出现高度超过20米的海浪

有的海水，一场巨大的海啸产生了。

就在短短的十几分钟后，铺天盖地的海啸袭击了班达亚齐市，海浪越升越高，有的海浪甚至达到 20 米高，像 5 层楼那么高。

接着，几乎万物都被强劲的海浪碾碎：棕榈树、房屋、汽车、轮船、桥梁、标牌。不计其数的人被困在汹涌的海水中，在水中夹杂的坚硬物体的撞击下身负重伤。

当海啸最终退去时，仅在印度尼西亚就有超过 22 万人死亡或不知去向。整座城市一片狼藉，就像被原子弹击中了一样。

然而灾难并没有停止，海啸继续向其他方向移动。在一个小时之内，势不可当的海啸倾覆了泰国的众多著名海滩，成千上万从欧洲、澳大利亚和美国等世界各地来到这里欢度圣诞假期的游客因此罹难。

在美不胜收的皮皮岛，来自丹麦哥本哈根的一家人——父亲、母亲、14 岁的女儿和 12 岁的儿子，正准备跳进湛蓝的海水中，突然他们发现海水从海滩退去。

然而这家人并不知道，海水的突然退去通常是海啸即将来临的信号。在海啸来临之前，它会将水"吸"离海滩。因此，在这个时候你应该迅速撤离，跑到附近的山上避难。

图为位于印度尼西亚苏门答腊岛的班达亚齐。2004 年 12 月，海啸摧毁了距海岸 5 千米以内的一切

图片来源：**FRANS DELIAN**

只过了几分钟，海水就如同几米高的猛兽强势回归。

瞬间，四口之家都失足落入了咆哮的海水之中，他们拼尽全力在水中求生。这时，海水几乎涨到了海滩上棕榈树的顶端。在被汹涌的急流冲散后，他们每个人都尽力漂浮在水面上，同时试图抓住棕榈树或爬上高楼的屋顶，让自己不被海水卷走。

幸运的是，他们四个都是游泳能手。在海啸平息后，他们身上留下了不计其数的伤痕，心里残留着对垂死挣扎的恐惧，但他们都还活着。这是一个奇迹。灾难过后，海滩上一片狼藉，到处都是游客的尸体。

这次海啸中，泰国共有 8 000 多人死亡或失踪，遇难者中包括 44 个丹麦人、500 多个瑞典人和 500 多个德国人。

但是，海啸并没有结束，它还在持续不断地造成死亡和破坏。在地震发生后的两个多小时后，它淹没了位于印度洋的斯里兰卡岛。一辆满载着乘客的火车被海水掀翻，车上至少有 1 500 人因海啸丧生。

在七八个小时之后，海啸在海上疾驰 5 000 千米，袭击了东非海岸，导致一些人在这里丧生。

2004 年 12 月 26 日的印度尼西亚地震和海啸是 21 世纪地球遭遇的规模最大、破坏力最强的自然灾害，共造成近 30 万人死亡或失踪。但就在 6 年之后，又一场类似的致命灾难袭击了地球。

图为海啸发生几天之后泰国皮皮岛的海滩。在灾难中，一个来自哥本哈根的四口之家奇迹般地活了下来

图片来源：**DONSIMON**

海啸国家

　　在日本，人们绝对不会把一个精美的花瓶随意地摆在架子上。他们会将所有容易破碎的贵重物品存放在柜子里，还会用螺丝钉把高处的架子和柜子牢牢地固定在墙上。

　　这是因为所有橱柜、架子和花瓶都可能在地震中从高处摔下。而在这个人口稠密的国家，地震如同家常便饭，时有发生。

　　同理，日本所有新建的房屋和桥梁都采用了抵御强震的设计。一些摩天大楼甚至在楼层之间安有"弹簧"，以确保大楼在强烈的地震中免于断裂。科学仪器一旦监测到日本某个地方发生强烈地震，就会自动通过广播、电台和手机发出警报。

　　这样，在地震来临之时，人们通常可以迅速地躲在桌子或类似的物体下面。警报几乎是即时发出的，所以如果地震在 100 千米之外触发，那么在万物开始摇晃之前，你还有大约一分钟的时间避难。

　　这一分钟其实是地震从震源传递到地表所需要的时间。

　　位于地震区域附近的所有列车也会第一时间接到警报。这一举措至关重要，因为部分火车可能在以每小时 300 千米的速度行驶，一旦铁轨因地震而断裂，对高速行进的列车来说无疑是致命的。因此当地震警报响起时，所有高速行驶的列车都会立刻自动减速。

　　在地震警报发出后不久，日本人还会收到海啸警报，

"tsunami"（海啸）一词来自日语，意为"港边的波浪"。图为日本著名的画作之一，汹涌澎湃的海浪背后是富士山

葛饰北斋版画《神奈川冲浪里》，展出于美国大都会艺术博物馆

即时了解地震引发的海浪可能有多高，以及预计何时会从何地袭来。

在海啸导致的死亡人数上，世界上没有任何一个国家能与日本相比。但不屈服于自然灾害的日本人仍在尽其所能地保护自己免受致命海浪的伤害，因此，他们在海滩上建造了诸多虽不美观，但高大坚固的混凝土墙。

不幸的是，在巨大的灾难降临时，这些高墙并不能给予人们太大的帮助。2011 年 3 月 11 日，日本历史上最强烈的地震在离东北海岸不远处的太平洋上爆发，震感极其强烈。在数百千米的范围内，日本海滩塌陷了半米，海岸完全沉没。地震引发的巨大海啸因此可以更加轻易地越过海滩和海滩上的高墙，冲到岸上。

在港口城市女川町，海啸将汽车掀翻在大型公寓的屋顶上

图片来源：CHIEFHIRA

地震和海啸过后几天，作为本书的作者，我走访了日本一些受灾最为严重的地区。在一个名为"南三陆町"的港口小镇，我看到海啸将渔船冲到了 5 千米外的森林里，汽车东倒西歪，房屋坍塌受损。

在城镇内部，除了医院、学校和几栋用沉重的混凝土建造的公寓之外，什么都没有留下。救援人员四处走动，谨慎地将木棍插进散发着恶臭的泥土里，试图寻找掩埋在地下的尸体。

天气阴冷，雨点飘落，黑色的乌鸦在空中盘旋，天地之间满是悲伤，令人毛骨悚然。

一辆汽车被 20 米高的海浪冲到三层公寓楼的屋顶。学校前面的泥地里散落着几个红色的书包，那是学生们逃离海啸时留下的。

后来我遇到了一位可爱的老太太，她从灾难中幸存了下来。地震发生时，她正站在自家的花园里。她牢牢地抓住了身旁的大树，以免摔倒。

随后，她试图抓住她的丈夫，但这时海啸来了。已经 65 岁的她仍然拼尽全力让头从冰冷的海水中露出来，最终她抓住了学校大楼顶层的檐槽。

她后来被一架直升机救起，值得庆幸的是她的丈夫也幸免于难。但此时的他们已一无所有，连身上穿的衣服都是借来的。

在南三陆町和日本其他港口城市，许多人试图驾车逃离，结果造成了严重的交通堵塞。排山倒海般的巨浪袭来，车辆被卷在水中翻滚，就像在湍急的河流里的乐高玩具

一样。

在城市福岛附近，海啸击垮了 10 米高的混凝土墙，冲进了一座大型核电站。刹那间，恐怖的黑暗降临了。核电站内需要水泵持续不断地传输冷水来冷却为千家万户提供电力的反应堆。

然而，用于传输冷水的水泵发生了故障，反应堆的温度急剧升高，堆芯开始融化，最终引发了剧烈爆炸。就这样，威胁生命的无形辐射——放射性物质开始泄漏，进入了空气和海洋。

幸运的是在灾难发生之前，已经有 20 万人从核泄漏区撤离。但那些住得最近的居民和核电站的工作人员永远无法回来了。在未来的许多年里，土壤和地下水中仍然会有遗留的放射性物质，致使人们身患重病。

如今，核电站附近的地区一片荒芜，到处是被遗弃的狗、猫和牛。

之后，许多人指责日本政府居然允许在如此靠近海岸的地方修建核电站。海边充满了安全隐患，海啸无法避免。

人们可能要花 50 年的时间才能完成核电站的清理工作。除此之外，还必须发明智能机器人，帮助人类进入核电站最危险、放射性最强的区域进行清理。因为人类一旦靠近那里，就会身患重病，甚至迅速死亡。

这意味着要通过发明全新的技术，花费数十亿美元来彻底清理辐射污染物，才能使这个地方再次变得安全。

日本共有近 2 万人在这次灾难中死亡或失踪。

地震和海啸在日本频发，日本的首都东京也不例外。

在日本的南三陆町，一个书包被遗落在学校前的废墟里，这里被高达 20 米的海啸摧毁

图片来源：LARS HENRIK AAGAARD

海啸过后，日本福岛核电站发生大规模爆炸，放射性物质泄漏到空中和海洋里。人们可能需要 50 年的时间才能将辐射污染物清理干净，让这一地区转危为安

图片来源：**DIGITAL GLOBE**

东京是世界特大城市之一，人口超过 3 500 万。

有人认为，东京是世界上最危险的地方之一，因为这个巨大的城市周围分布着几条大断裂带，随时可能会引发剧烈的震动。没有人知道东京会在何时发生大地震，但人们确信这一天一定会到来——也许在 20 年、30 年或 40 年后。

值得庆幸的是，日本和其他地震频发的国家都在建设更为坚固的房屋和桥梁。即使如此，毁灭和死亡依然是无法避免的。

十次强烈的地震

1. 中国，1556年

据记载，死亡人数高达 80 多万。许多城市被大型山体滑坡掩埋。伤亡人数世所罕见。强度：8.0 级以上。

2. 葡萄牙，1755年

大地震和海啸袭击了当时极为富裕的葡萄牙首都里斯本，造成约 10 万人死亡。这是欧洲有史以来最强烈的地

2010 年 1 月，海地首都太子港发生特大地震，这座拥有超过 50 万人口的城市成为废墟。国际紧急救援组织于震后抵达此地，开启救援工作

图片来源：**MARCELLO CASAL**

震，甚至当时在北欧部分地区也可以感觉到震动。强度：8.8 级。

3.意大利，1908年

位于意大利西西里岛的港口城市墨西拿发生大地震，随后引发海啸，灾难造成至少 11 万人死亡。强度：7.5 级。

4.日本，1923年

在这场大地震中，日本首都东京的大量木质建筑轰然坍塌，随后被大火吞噬。在海岸附近，很多人在海啸中溺水而亡，共计 14 万人死亡。强度：7.9 级。

5.智利，1960年

世界历史上极强烈的地震之一，随后引发了巨大海啸。在经过 21 小时的旅程，跨越太平洋 1.5 万千米后，海啸袭击了日本海岸，造成 100 多人死亡。据统计，在智利伤亡人数达 6 000 人。强度：9.5 级。

6.中国，1976年

7 月 28 日凌晨 3 点，一场强震几乎将中国拥有百万人口的唐山市夷为平地。超过 24 万人因倒塌的建筑物和坍塌的煤矿丧生。强度：7.8 级。

7.印度洋，2004年

世界历史上最强烈的地震之一，地震引发的海啸淹没了印度尼西亚、泰国和斯里兰卡等国的部分地区。近 30 万人死亡或失踪。强度：9.3 级。

8.巴基斯坦，2005年

强震中，一些城市被山坡上崩塌的岩石和泥土掩埋，巴基斯坦有超过 8 万人遇难。强度：7.6 级。

9.中国，2008年

四川省汶川地区发生的强烈地震摧毁了数万栋建筑，被严重破坏地区超过 10 万平方千米。死亡及失踪人数共计 8 万多人。强度：8.0 级。

10.海地，2010年

地震将位于加勒比海的海地首都太子港的大部分地区夷为平地。超过 20 万人死亡。强度：7.7 级。

超级火山

1949 年，一位荷兰科学家在苏门答腊岛考察多巴湖周围的岩石时，有了一个惊人的发现：这里所有的岩石几乎都来自火山爆发。

经过进一步考察，他推断整个多巴湖都是超级火山爆发后的产物。这个巨大的火山口如同丹麦的菲英岛那么大。

如今我们知道，正是地球在过去几十万年里发生的一次规模巨大、深具破坏性的火山爆发造就了眼前美丽的多巴湖。火山爆发的巨大威力，几乎对地球上的每个角落和每一种生物都造成了影响。

多巴火山大约在 74 000 年前爆发，可能只持续了几个星期。但这几个星期却给世界带来了毁灭性的打击！

火山口喷出的熔岩碎屑像大炖锅里沸腾的牛奶一样涌出。距离火山口 100 千米以内地面覆盖的凝灰熔岩，厚达几百米。

与此同时，大量火山灰飞向高空，将原本明朗的白天变成了漆黑的夜晚。火山灰的量如此巨大，足以将整个丹麦埋在约 20 米深的灰土中。

在距火山 2 000 千米远的印度南部，人们发现了约 6 米厚的火山灰。也就是说，即使在离火山数千千米的地方，所有的动植物也难逃被埋葬在令人窒息的厚火山灰里的命运。

最后，数百万吨有毒气体和小颗粒被爆发的火山口喷

今天，印度尼西亚苏门答腊岛上的多巴湖风景美不胜收。但事实上，它是世界上最大的火山口，是大约 74 000 年前一次超级火山爆发的产物。那次火山爆发对全世界产生了巨大影响

图片来源：OLEG KARPOV

射到 40—50 千米的高空。这些气体和颗粒渐渐扩散到全球，仿佛给温暖的太阳蒙上了一层面纱。

因而，地球的这一边开始变冷，温度降低，甚至在地球的另一边也不例外。一些科学家认为，这次火山爆发险些让人类的祖先走向灭亡。

如果这些猜测是真的，那么当时的人类也许会像今天的华南虎和山地大猩猩一样濒临灭绝。

像多巴这样可以引发极大规模爆发的火山被称为超级火山。据估计，超级火山的爆发间隔约为 5 万年。所以，幸运的是，在你我生活在这个世界上的时候，不会遇到这样的危险。

在地球上的许多地方都分布着超级火山。例如美国辽阔壮美的国家公园——黄石公园，也是地球上最大的火山口之一。黄石公园中，温泉和间隙泉随处可见，地下沸腾的水会突然从地下"爆发"出来，有时甚至高达数米。

但最令人惊奇的是，整个黄石公园正在缓慢上升，就像烤箱里不断膨胀、隆起的面包。要知道，黄石公园的面积几乎和丹麦的西兰岛一样大。地面抬高的原因是地下岩浆发生了大幅隆起，对地表造成了挤压，在某种程度上可以看作岩浆正蓄势待发，等待着喷薄而出。

这种情况一旦发生，北美洲将面临巨大的灾难。黄石火山上一次爆发还是在大约 64 万年前，比人类到达这里的时间还要久远。火山爆发产生的厚重的火山灰覆盖了美国西部，喷射到空中的火山气体和颗粒物阻挡了阳光，导致全球温度下降。人们称之为"火山冬天"。

科学家们认为，黄石火山每两次爆发大约间隔 50 万年，所以从某种意义上说，现在已经过了再次爆发的时间。

在欧洲，也有一座沉睡的超级火山。

意大利城市那不勒斯以维苏威火山闻名于世界，这座火山如同一个极具震慑力的国王，高耸于城市之上。尽管维苏威火山对生活在那不勒斯及其周围的大约 300 万人构成了巨大的威胁，但它其实并不是真正意义上的超级火山。

这座城市真正的"吐火怪兽"隐藏在郊区，那里不断有烟雾和蒸气从地面喷发。因此，意大利人将其命名为坎皮弗莱格里伊 (Campi Flegrei)，意思是"燃烧的田野"。

大约 39 000 年前，坎皮弗莱格里伊火山爆发。整个意大利南部都被掩埋在灰烬之中，达到数百摄氏度的高温熔

超级火山爆发对于人类和动物而言，可能是杀伤力最大的自然灾害。超级火山爆发，会让地球再一次进入火山冬天，几乎所有生活在超级火山附近的生物都将面临死亡。但黄石火山距离下次爆发可能还有数千年的时间

图片来源：**CATMANDO**

　　如今，我们之所以能够得知世界历史上曾有过多次火山爆发，是因为科学家们在格陵兰岛厚厚的内陆冰层里找到了它们遗留的痕迹。年复一年，格陵兰岛一层一层的积雪就像树木的年轮，写满了岁月的印记。科学家们一直钻探到冰面以下约 3 千米处的底部。最底部的冰有超过 10 万年的历史。每一层冰的厚度不仅表明那时下了多少雪，也能表明当时的温度状况，同时，科学家们还从冰层中找到了清晰的硫黄痕迹，这就是火山爆发的有力佐证。比如，科学家们找到了大约 74 000 年前巨大的多巴火山爆发的痕迹，研究发现格陵兰的温度在之后的几年里足足下降了 16 摄氏度

图片来源：**NASA**

岩一直被推到亚平宁山脉的高峰之上。

接着，火山冬天降临。一些科学家认为，地球的极度严寒和火山灰导致在欧洲生活了几十万年的尼安德特人走向灭绝，他们几乎同时从地球上消失了。

现在，坎皮弗莱格里伊火山内部又开始积聚压力。当它有一天真正爆发时，是否会像 39 000 年前的那场灾难一样致命，还不得而知。

一些火山专家坚信，超级火山的爆发是对人类和其他生物而言危害最大的自然灾难，它的巨大威力甚至比来自太空的行星撞击地球更可怕。

致命的地球内部

像日本和印度尼西亚这样的国家，树木葱茏，土壤肥沃。这不仅得益于那里温暖湿润的气候，还与广泛分布的火山息息相关。火山爆发产生的火山灰和其他物质是含有丰富营养成分的土壤肥料，能促进农作物快速、茁壮生长，所以农民一年可以收获两到三季农作物。

出于同样的原因，许多人选择住在富饶的火山附近。比如，拥有 58 座海拔在 1 800 米以上的火山的印度尼西亚爪哇岛上，居住着大约 1.2 亿人。

但是这里的丰收是有代价的，那就是当火山爆发时，可能要面临死亡的风险。

1815 年，在爪哇岛东部的印度尼西亚松巴哇岛发生了过去几百年来世界上最大的火山爆发。

原本，坦博拉国王和他的子民在 4 000 米高的火山——坦博拉火山下平静而幸福地生活着。但在那一年的 4 月 5 日，坦博拉火山死而复生，猛烈的爆炸让火山的高度瞬间降低了 1 200 米，燃烧的气体、滚烫的熔岩和火山灰从火山四周喷涌而出，夺去了众多坦博拉人的生命。

炙热的火山喷发物流入大海，海水开始沸腾，海岸附近的所有生物都毁于一旦。与此同时，巨大的火山灰柱从火山口喷薄而出，从天而降。在接下来的短短几天里，火山灰将邻近的岛屿都深深掩埋。

由于收音机和电话当时还没有被发明出来，因此居住

印度尼西亚的爪哇岛郁郁葱葱、人口稠密，由近百座火山组成

图片来源：MANAMANA

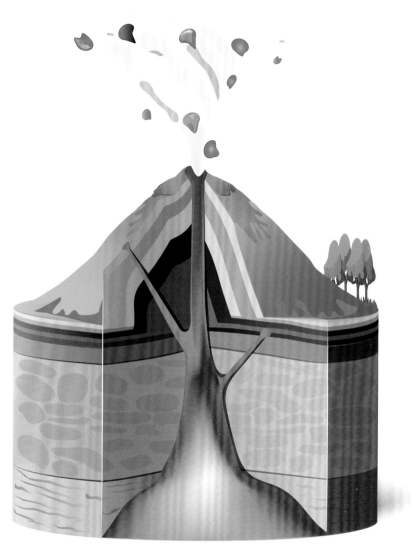

火山切面示意图。火山底部是一个巨大的洞穴，里面满是熔化的岩石——岩浆。岩浆室里的压力逐渐增大，直至岩浆从地壳裂缝中找到出口。最终，岩浆会以大爆炸的形式完全喷发，从火山口流出，形成新的陆地。并非所有火山都是山的形状，有些火山已经完全崩塌，隐藏在湖水下。事实上，绝大多数火山都位于海底

图片来源：**DESIGNUA**

在欧洲的人们对在遥远的印度尼西亚有火山爆发毫不知情。但很快，大家就感受到了地球的变化。次年，欧洲的气温急剧下降，成为"没有夏天的一年"，人们也对格外明亮刺眼的日落感到诧异。

这是因为坦博拉火山爆发时产生的气体和火山灰改变了太阳光线的传播方式，以至于在日落时分阳光中的橙色和紫色格外耀眼。

据估测，全球有 10 万多人死于此次火山爆发。不久之后，许多国家都爆发了饥荒和疾病，这些很可能都是坦博拉火山爆发引发的"后遗症"。

1883 年，印度尼西亚再次陷入混乱。当时，在爪哇岛和苏门答腊岛之间有一个无人居住的小火山岛——喀拉喀托。而如今，这座小岛已经不复存在了。那一年的 8 月 27 日，喀拉喀托火山爆发，发出了人们到那时为止所听到的最大的响声。

同一天，在距离喀拉喀托岛 4 600 多千米远的一个名叫"罗德里格斯"的印度洋小岛上，人们听到了"远处的轰隆隆的枪声"，这就好比大家在丹麦听到了来自撒哈拉沙漠深处的爆炸声。而在 3 000 多千米外的澳大利亚北部，也能听到远方传来的微弱的爆炸声。

也就是说，火山的剧烈爆炸声传遍了地球表面的八分之一，被数百万人听到。在靠近火山的船只上，几个水手的耳膜都被震坏了。

但最可怕的是随之而来的海啸。喀拉喀托火山爆发时喷射到空中的巨大岩石碎块落入海水中，掀起了巨大的海

浪，海浪在靠近附近的海岸时，高度可能达到 40 米。

许多港口小镇被海水淹没，36 000 多人死亡或失踪。

一天半后，哥本哈根港口的水位突然上升了 10 厘米。据估计，这可能是由地球另一边的喀拉喀托海啸引起的。

在喀拉喀托火山爆发之后的一年里，地球的温度再次下降，世界各地的人们也欣赏到了格外绚丽多彩的日落。

火山爆发要比地震更容易预测。1991 年，专家预测菲律宾的皮纳图博火山即将爆发，数万人安全撤离。几天后，地球迎来了 20 世纪最大的火山爆发。之后的几个月里，由于厚厚的火山灰和火山气体阻挡了太阳光线，地球的温度下降了约 0.5 摄氏度

图片来源：**USGS**

2010 年，冰岛埃亚菲亚德拉冰盖冰川附近的火山喷发出的令人窒息的火山灰极速蔓延至欧洲各地，10 万多次航班被迫取消，因为飞机撞到细小而尖锐的火山灰颗粒可能会坠毁

图片来源：J. HELGASON

冰与火之国

2010 年 4 月，丹麦和欧洲其他国家的人突然意识到，如巨兽般咆哮的火山离他们很近很近。

在距离丹麦 1 500 千米的冰岛，一座隐藏在厚冰下的火山突然爆发。原本覆盖在火山上的冰雪快速融化，当水涌入滚烫的火山口时，熔岩发生爆炸，喷射出包裹着火山灰的厚重浓烟。幸运的是，只有少数人居住在火山附近，因此没有造成人员死亡，也没有房屋被毁。

然而，风将大量火山灰云吹向欧洲，接着几乎全世界的机场都陷入了混乱，大部分航班被迫取消，数百万人在机场滞留数日。

这是因为火山灰是由像玻璃碎片一样锋利的小颗粒组成的。如果这些尖锐的颗粒进入飞机引擎，将导致其损坏并停止运行，飞机就会有坠毁的危险。因此，飞机不能起飞。

冰岛是一个与众不同的国家，它正在"裂开"——冰岛西部缓慢地向北美挪动，东部则向欧洲漂移。

而地球的炙热的血液——熔岩，很有可能会从逐渐形成的裂口中喷薄而出。这是极其危险的。

自从1200年前人类在这座大岛上定居以来，最严重的一起火山爆发发生在1783—1784年。拉基（Laki）火山的爆发几乎对所有当时生活在欧洲和北美的人带来了影响。

刹那间，长达30千米的小火山群集体爆发，岩浆如洪水般持续不断地涌入田野、农场和河流，最后，大量火山灰和令人窒息的气体从火山口喷发出来。

气体中含有一种叫作"氟气"的有毒物质，它附着在青草、苔藓上并溶于动物的饮用水中。其实，人们经常在牙膏中加入少量氟化物，因为它可以有效预防龋齿。但是从拉基火山口喷发出的氟气实在太多了。

这导致冰岛四分之三的羊、马和牛都死了。疾病和饥荒肆虐，几乎每四个冰岛人中就有一个死亡。

其他国家和地区也深受影响。在丹麦法罗群岛，大量

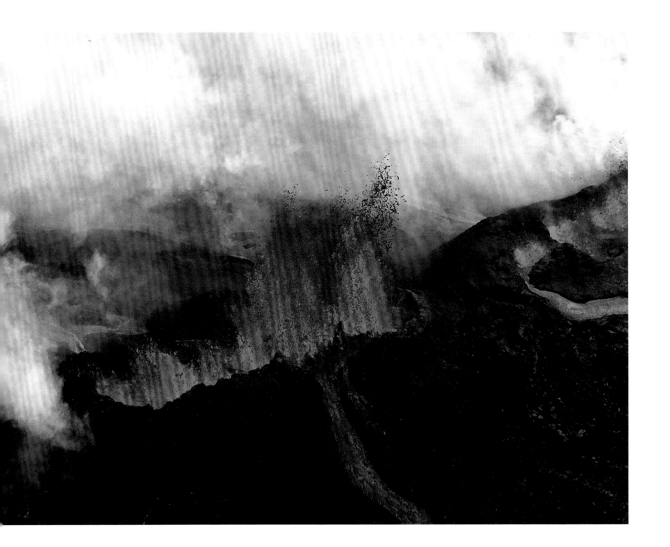

的火山灰从空中落下，因此那两年被称为灰烬年；在苏格兰，火山灰致使土豆和其他农作物窒息而死，许多人开始挨饿。

即使生活在 2 000 千米以外的哥本哈根的人们也感觉到了火山喷发带来的异样。大街小巷弥漫着臭鸡蛋般令人窒息的气味。人们在日记中写道：空气中夹杂着厚重的灰尘，随后温度开始下降，变得异常寒冷。在 1784 年 4 月底，丹麦许多港口城市的海水都结冰了。

这样的情况不仅仅出现在丹麦，在美国、荷兰和德国

2014 年，冰岛巴尔达邦加火山喷发的场面极其壮观，它不禁让人们回忆起 1783 — 1784 年拉基火山爆发时带来的巨大灾难，不过这次喷发要温柔很多

图片来源：NATIONAL MUSEUM OF NATURAL HISTORY

1963 年，冰岛出现了一座名叫叙尔特塞（Surtsey）的全新岛屿。它是由海底火山爆发形成的美丽岛屿，鸟类在这里繁衍生息，这里也成为甲虫和蜘蛛赖以生存的家园。世界上许多岛屿和陆地是由火山爆发形成的，例如印度尼西亚、日本、意大利的大部分地区和整个冰岛

图片来源：**NOAA**

也是如此，并进一步蔓延至法国，成千上万人死于严寒和饥饿。这一切都源于发生在大西洋上这个人烟稀少的冰火之国的火山大爆发。

这样的灾难还会再次降临，但在你我的有生之年里应该不会遇到。终有一天，冰岛火山会再次爆发，威力之大，以至于丹麦和其他欧洲国家的田地和草木都将被火山灰覆盖，甚至导致动植物窒息而死。

也会有那么一天，由于超强的火山爆发，之后一两年里地球气温骤降。当然，不一定是冰岛的火山，也可能是分布在印度尼西亚、日本、意大利或墨西哥的一座大火山。

我们要对地球上所有具有创造性和毁灭性的火山表示敬畏。

十次强烈的火山爆发

1.黄石火山，美国，约64万年前

一次真正意义上的超级火山爆发，致使地球进入火山冬天。喷发的火山灰沉降在美国西部的 19 个州附近。

2.多巴火山，印度尼西亚，约7.4万年前

一场巨大的超级火山爆发，使地球多年持续降温。2 000 千米内物体表面覆盖的火山灰厚达数米。

3.圣托里尼火山，希腊，约3 600年前

一次极为剧烈的火山爆发，几乎摧毁了整个锡拉岛，随之引发的巨大海啸淹没了地中海沿岸地区。高度发达的米诺斯文明走向灭亡，地球上的许多地区开始变冷。

4.维苏威火山，意大利，79年

历史上极著名的火山之一。数米厚的火山灰埋葬了罗马时代的庞贝城和赫库兰尼姆古城。如今，这些完好保存了罗马时代原貌的古城被挖掘出来。包裹着遗骸的火山灰硬壳重现了灾难降临时人类和其他动物的姿态。

5.拉基火山，冰岛，1783—1784年

地球上最大的火山熔岩喷发之一。冰岛近四分之一的人口死亡，欧洲和北美陷入严寒与饥荒。

6.坦博拉火山，印度尼西亚，1815年

这次巨大的爆发几乎让一个民族从地球上消失，世界上大部分地区出现庄稼歉收和温度骤降。

7.喀拉喀托火山，印度尼西亚，1883年

这座小火山岛伴随着巨响爆发，将火山气体和火山灰喷射到40千米外的高空。岛屿崩塌，引发海啸，致使36 000多人丧生或失踪。

8.培雷火山，马提尼克岛，1902年

这座火山坐落在加勒比海一个天堂般的岛屿上，火山爆发产生的炙热气体和火山灰极速涌向港口城市圣皮埃尔。城中29 000位居民几乎全部死亡，仅3人幸存：一个是城市监狱中的囚犯，另一个是住在郊区的鞋匠，第三个是乘着划艇成功逃脱的小女孩。

9.内华达德鲁兹火山，哥伦比亚，1985年

南美洲哥伦比亚最高的火山，虽然喷发强度小，但由于山顶大量积雪融化，水流夹杂着泥土、岩石从山上冲下，在夜幕中掩埋了几个城市。约25 000人死亡。

10.皮纳图博火山，菲律宾，1991年

20世纪地球上最大的火山喷发。火山灰覆盖的面积几乎是丹麦国土面积的3倍。之后的几个月里，地球大部分地区的温度下降了约0.5摄氏度。

约 2000 年前，意大利维苏威火山喷发的火山灰完美保存了灾难发生时人类和其他动物的姿态。他们似乎被"冻结"在那个时刻，宛若一张张 3D 照片。图中，一个孩子试图从可怕的灾难中逃离

图片来源：**BLACKMAC**

致命的海洋

热量和水分从温暖的海洋里蒸发的过程仿佛火上浇油，空气在吸收了海水的巨大能量后，地球上威力最大也最危险的自然力量之——飓风产生了。

丹麦附近的海域由于纬度高、温度低，很难形成真正的飓风。但飓风在热带海洋却十分常见，旋转的风把海水吹成泡沫，朝着人类居住的海岸高速移动。

飓风的风速甚至可达每小时近 300 千米。飓风所到

之处，树木和电线杆像火柴一样折断，脆弱的房屋轰然坍塌。

与此同时，飓风会带来大量雨水，有时每天的降雨量可能超过 1 米，比丹麦全年的降雨量还要多。

但最糟糕的是，飓风掀起海水，吹过海滩和港口直至城市深处。人们也称飓风为风暴潮。

我们经常从媒体中听到大西洋产生的飓风袭击美国的消息。飓风对美国造成的破坏是巨大的。在地球的其他角落，情况一样糟。

1970 年，在如今的亚洲国家孟加拉国，一场巨大的灾

飓风是巨大的热带气旋，从温度高于 26 摄氏度的海洋中获取能量。在亚洲，飓风通常被称为台风

图片来源：**3DMOTUS**

风暴将海水推向海岸，产生几米高的巨浪，对城市造成冲击。这也被称为风暴潮，破坏性极其巨大

图片来源：**MIKE FOUQUE**

难降临了。

孟加拉国是一个极其特别的国家。发源于喜马拉雅山的众多大大小小的河流流经这片平坦、温暖又肥沃的土地。因此，孟加拉国到处都是水道、沼泽和湿润的稻田，数百万人聚居在纵横交错的河流边。

但这也使孟加拉国变得脆弱不堪，因为来自海洋的死神会突然降临。

这个地势低洼的小国紧邻印度洋，在那里，飓风或者说台风可能一触即发。1970 年 11 月 12 日，巨大的风暴开始向人口稠密的孟加拉国海岸移动。与此同时，河水上涨。当风暴以每小时近 200 千米的速度袭来时，原本平静的一天被毁了。

沿海和沿河而居的绝大多数穷人没有收音机、电视，也没有警报预告灾难即将降临，因此他们对这一切毫不知情。当风暴来临时，没人能找到安全的避难港。狂风肆虐，高大的棕榈树几乎都要被海水淹没了。

一名男子说，他拼尽全力爬上了一棵高大的棕榈树，两个孩子趴在他的背上，他的怀里还抱着一个。但猛烈的风暴持续了整整一个小时，在他实在支撑不下去的时候，三个孩子都被无情的风暴卷走了。现在他是全村唯一的幸存者，但失去了活下去的意义。

没有人知道确切的死亡人数，但许多专家认为应该有 50 万人丧生。风暴过后，数百万人无家可归。

1991 年，新的热带风暴再次袭击孟加拉国，夺走了近 14 万条生命。从那以后，这个国家在变得更加富裕的同时给予了居民更好的保护，越来越多人在危险到来之前就收到了警告。

不幸的是，孟加拉国人民正处于越来越大的危险之中。因为全球变暖，海平面不断上升，尤其在格陵兰岛，冰川在加速融化，流入大海。

而孟加拉国一半的国土海拔不超过 5 米，而且大约 1.6 亿孟加拉国人中的绝大多数都生活在低洼地区。

即使在丹麦，狂风也会造成灾难，甚至是巨大的灾难。我们只需要回顾历史，回到裸露的海岸没有受到任何堤坝

超强飓风破坏力巨大，许多人因此失去了家园。2013 年，在台风"海燕"横扫菲律宾之后，几百万人无家可归，超过 6 000 人丧生

图片来源：YMPHOTOS

保护的年代。

很久以前，日德兰半岛南部一直延伸到现在的德国，在它的西边分布着许多大岛，而现在这些大岛已不复存在了。但在当时，成千上万的人居住在岛上，他们主要靠捕鲸和从海中提取盐分为生。

1362 年，一场恐怖的风暴降临，海水侵袭了低处的岛屿，最后，许多城市甚至整座岛都消失在茫茫大海之中。据估计，当时约有 3 万多人丧生。

1634 年，同样的历史在国王克里斯蒂安四世统治丹麦时重演。在一场剧烈的风暴中，海水冲毁了当时日德兰半岛南部的小堤坝，冲毁了许多城市。

1874 年，丹麦的洛兰岛和法尔斯特岛再次感受到了来自海洋的无穷力量。从东部袭来的一场漫长而猛烈的风暴将波罗的海的海水推向丹麦南部的岛屿。水位最高时比往常上涨了 3—4 米，洗刷了近 10 千米长的海岸。

岸边的农场完全被涌入的海水吞没，狂风和海水将屋顶掀开，浮浮沉沉的屋顶变成了波涛汹涌的大海之中脆弱的船只。

近 90 人在岛上溺亡。风暴强大的力量将海上的帆船推向内陆，许多船只倾覆沉没。共有近 200 名丹麦和外国水手在这个可怕的夜晚丧生。

未来的某一天，海洋肯定会吞噬丹麦更多的平坦的土地和其他许多国家人口稠密的海岸。不过值得庆幸的是，如今我们比过去更善于保护自己。

龙卷风和飓风有些相似，虽然龙卷风的规模更小，但它的风速反而更高，通常伴随着雷暴天气。当地球上的热空气被吸入云中时，一个高速旋转的"漏斗"就形成了。美国最大的龙卷风可以摧毁房屋，将汽车甩出几百米远

图片来源：**SDECORET**

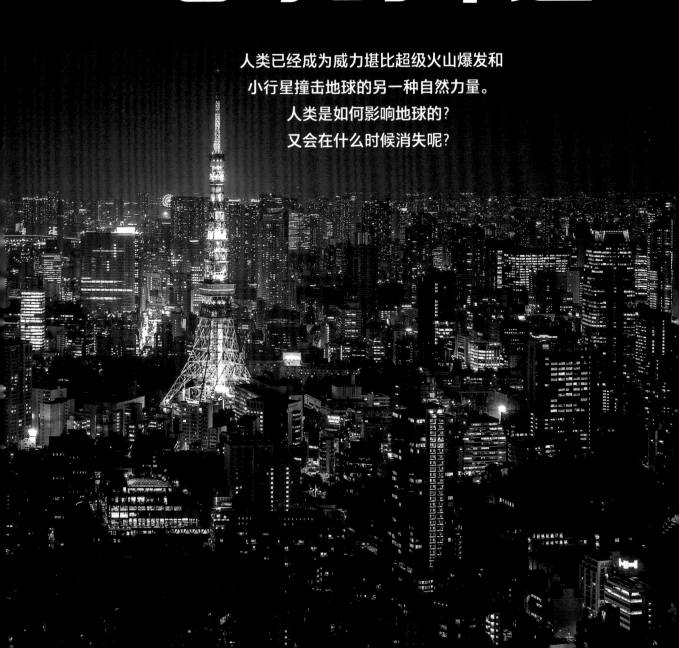

第四部分

地球的命运

人类已经成为威力堪比超级火山爆发和
小行星撞击地球的另一种自然力量。
人类是如何影响地球的?
又会在什么时候消失呢?

人类的星球

我们生活在人类历史上最好的时代。

我们比以前长寿，可以多活很多年。我们从未如此富足，食不果腹的人越来越少，越来越多的人能吃到所有想吃的食物。是的，现在偏胖的人可要比偏瘦的人多得多。

硝烟和战争比以前少，死于自然灾害的人也在减少。上学的孩子越来越多，尤其是女孩子。

人口数量也达到了巅峰。在 200 年前，生活在地球上的总人数比今天生活在印度或中国的人还要少。

20 世纪，地球人口翻了近两倍，这在以前从未发生过。先从 15 亿到 30 亿，再从 30 亿到 60 亿，现在全球总人口接近 80 亿，而且仍在增长。

在漫长的生命史中，没有一个物种像我们人类一样成功。

这得益于人类有智慧的大脑和卓越的技能。我们越来越擅长生产食物。我们制造了可以帮助我们从事艰苦工作的大型机器，还研发了可以治疗疾病的药物。

但这一切都是有代价的。如今，几乎地球表面的每个角落都受到了人类活动的影响。

这种影响从我们的祖先为了开辟农田而大肆砍伐或烧毁树木时就开始了。直到如今，地球上大约一半的土地被用于农业生产，另一半土地要么因为是沙漠，要么因为太冷，人们无法耕种。

在大型农业机械的帮助下，人类已经把地球上几乎一半的陆地变成了巨大的食品工厂。图中，巴西的农民正在收割大豆

图片来源：ALF RIBEIRO

现在，情况还在加剧恶化。每年都会有非洲、南美洲或亚洲的大片热带雨林从地球上消失，面积几乎是丹麦国土面积的两倍。但世界上绝大多数的农业用地并没有被用来养活人类，而是被用来饲养我们的牲畜——牛、鸡、猪、羊——这样我们就可以得到肉、蛋、牛奶和奶酪。

如今在世界各地的农场和田野里，大约有 10 亿头猪和 15 亿头牛。如果用总重量来计算，地球上的牛的总重量超过了人的总重量。牛的数量如此之多，这完全是我们人类造成的。

因为大多数人都喜欢吃肉，因此人类选择养很多牛、猪和羊。

相比之下，地球上只有大约 2 万头野生狮子和 40 万头野生非洲象。动物学家认为，在几百年前，这些野生动物的数量是现在的 50 倍，也就是说，大约有超过 100 万头野生狮子和 2000 万头野生非洲象。

照这样发展下去，200 年后牛可能会成为地球上最大的陆生动物。如果动物学家的推断正确，200 年后在地球上可能就见不到野生的大象、犀牛、长颈鹿和河马了。

如果我们把目光转向鸟类，情况更糟。如今，鸡是世界上最常见的鸟类，这也是我们人类造成的。

人类每年要吃掉 500 亿只鸡。仅在欧洲，每年在大型养鸡场里度过短暂而痛苦的一生的鸡的数量就超过了所有野生鸟类的总和。

大量研究显示，自 1970 年以来，地球上野生的哺乳动物、鸟类、鱼类和爬行动物的数量减少了一半以上。这

1914 年，世界上最后一只北美旅鸽"玛莎"在动物园死去。而在这之前 100 年，它还是世界上最常见的一种鸟，多达 50 亿只。由于人类的滥捕滥杀，北美旅鸽最终灭绝

图片来源：**MACMILLAN CO.**

是人类肆无忌惮地狩猎、捕捞它们，侵占、破坏它们原本生活的家园而导致的。

而且不仅野生动物的数量在下降，还有越来越多的物种从地球上消失，永远不会存在了。

不计其数的物种，包括美丽的昆虫、鸟类和青蛙，都在以超出生命历史上正常灭绝速度 1 000 倍的速度加速消亡。如果人类没有对地球上的自然造成如此大的影响，野生动物的数量和种类会远比现在多。也许大家还有机会见到矫健的塔斯马尼亚虎、巨大的渡渡鸟和九米长的大海牛。

如今，地球物种在以地球上几乎从未有过的惊人速度相继灭绝，这是继大约 6 600 万年前，行星撞击地球把恐龙送进坟墓后的最大灾难。

也就是说，人类已经成为威力堪比超级火山爆发和小行星撞击地球的另一种自然力量。我们成了生命史上第一个有能力改变地球上的生命轨迹的物种。

地球不再是动物的星球，而是人类的星球。

　　1879 年，美国人托马斯·爱迪生发明的世界上第一盏电灯，成为造福所有人的巨大礼物。人们再也不用在暗夜里点燃蜡烛或其他可燃物，只需按下按钮，就有明亮的灯光了。

　　如今，地球已经几乎完全被辉煌的灯火照亮了，在夜里，宇航员也可以从太空中清楚地看到地球上的城市和道路。

　　1908 年，企业家亨利·福特成为世界上第一位使用流水线大批量生产汽车的人。工人们站在传送带旁将汽车零

图为从"国际"空间站看到的地球，西班牙、葡萄牙以及北非的摩洛哥在灯光的照耀下，仿佛黑夜里闪闪发光的宝石

图片来源：**NASA**

件组装在一起，通过这样一环环的加工，在流水线的末端就生产出成品车。这一举措大大提高了工厂的生产效率。

生产出来的车看起来并不十分别致，但很实用，最重要的是价格便宜。也因此有成千上万的普通的美国人排着长队抢购这种福特"T"型车。

一个崭新的时代开启了。汽车既可以载着人们到达远方，还可以用来搬运重物，人们获得了以前没有的自由。如今，大约有 15 亿辆汽车在地球上的道路上行驶，每年还会新增 8 000 多万辆。

汽车和电灯泡的共同之处在于它们都需要使用能源。自问世以来，它们消耗的绝大多数的能量都来自在地球上储存了数亿年的能源——煤、石油和天然气。

汽车使用的汽油提炼自石油，点亮灯泡需要通电，而电一般是由发电厂燃烧煤炭、石油或天然气产生的。这些自然资源被统称为化石能源。

化石能源让一切都变得容易。它可以被储存在大型集装箱里，通过水运或陆运到达世界各地。

它帮助人们制造出了更大的生产和农耕机器；它让人们在冬天获得了温暖；它给电视、洗衣机和洗碗机带来了生机；它给飞机、轮船和汽车提供动力，而这些飞机、轮船和汽车又可以以闪电般的速度向世界各地运送旅客和重型货物。简直太棒了。

但获得这些便利是有代价的。如今，每年煤、石油和天然气的消耗量是 100 年前人们消耗量的 15 倍。尽管我们已经开始尽可能地使用水能、核能、太阳能、风能等清洁能源，但我们每年对化石能源的消耗量仍在增长。

是的，仍在增长。尽管我们清楚地知道，化石能源燃烧时会向空气中排放大量的二氧化碳和温室气体，地球温度会越来越高。

自从 100 多年前大工厂和汽车正式投入使用以来，地球的平均温度上升了 1 摄氏度，与此同时，空气中煤、石油和天然气燃烧时产生的二氧化碳数量急剧上升。

气温升高 1 摄氏度听起来并不严重，我们和大自然仍然可以适应，但是有一个问题。

今天排放的大部分二氧化碳将在空气中存留数百年，

到 2050 年，海洋中的塑料垃圾可能比鱼还要多。海洋动物容易被塑料袋或渔网缠住，也很容易因为误食塑料垃圾窒息而死。在遥远的海域，来自船只、河流和海岸的塑料垃圾在海面下形成了巨大的垃圾岛屿

图片来源：ALDARINHO

纵观地球漫长的历史，可以发现气候变化有许多原因，其中最重要的是太阳辐射的变化、地球与太阳的角度的变化、火山爆发、行星撞击地球以及洋流变化。但在过去的 50 年里，人类排放的温室气体对气候的影响最大

图片来源：**TOM BILEK**

因此，即使人类从明天起停止燃烧煤、石油和天然气，全球气温还将持续上升许多年。

毫无疑问，在 50 年或 100 年后，地球会变得更加温暖，气温可能要比现在高 2 摄氏度，甚至更多。

如果你生活在像丹麦这样较为寒冷的国家，气温升高听起来也许并不是一件坏事。但事实上，变化的不只是温度，还有雨水和风，甚至整个气候都开始变化。一些动植物无法适应极速变化的气候，最终将可能死于高温或干旱。

在一些地方，雨水要比以往更充足，甚至在夏天出现特大暴雨，将房屋淹没。而有些给人们提供充足粮食的绿色田野，却没有了雨水的滋润，陷入干旱状态。于是数百万人移居到湿润的地方，有时还会引发冲突和战争。

而且，汽车、轮船和许多燃煤电厂排放的烟雾中夹杂着一些微小颗粒。它们扩散到空气中后给城市带来严重的污染，会损害人的肺，甚至缩短人的寿命。

海洋可以吸收我们排放到空气中的二氧化碳，这对地球来说意义重大，否则温室气体在空气中的含量将会更高，地球将更热。但这也有弊端，因为在海洋中二氧化碳会被转化为碳酸——在可乐和其他汽水中产生气泡的物质一样。

随着时间的推移，海水中的碳酸会对贝类、螃蟹和其他甲壳类动物造成伤害，因为这种物质会"吞噬"动物们的外壳。如果贝类开始消失，那么海洋中的鱼类和其他动物的食物就会减少，海底的生物也会减少。

最重要的是，海洋中体积最大也最奇妙的生物之一——珊瑚，正在艰难地适应迅速变热的海水。而美丽多彩的珊瑚礁也正是大量鱼类和其他海洋动物赖以生存的家园。

生长在许多地方的珊瑚在温暖的海洋中垂死挣扎。比如世界上规模最大的珊瑚礁——距澳大利亚 2 000 多千米的大堡礁，在近几年之内出现了大面积的白化病变和死亡。

但最糟糕的是全球变暖导致海平面上升，这个已经开始了。

大海深处美丽的珊瑚礁是大约四分之
一的海洋动物的家。但近年来，由于无
法适应海洋迅速变热，许多珊瑚已经开始
死亡

图片来源：**MARTIN**

冰雪融化

海平面正在以我们无法察觉的速度缓慢上升。种种迹象表明，未来的上升速度将越来越快。

很遗憾，我们无法乘坐时光机前往 2100 年去看那时的海平面到底上升了多少，也许足足有 1 米。而到 2200 年或 2300 年，海平面可能比现在高出 2—3 米，甚至 4 米。海洋将侵占世界各地的海岸，尤其在暴风雨或飓风期间，高如围墙的海浪会对陆地造成巨大的威胁。

在像孟加拉国这样人口稠密、相对贫困的国家，这更会成为巨大的威胁。上百万沿海居民可能要被迫迁往内陆，随后又会因争夺避难场所而引发战争。

同样，这对于海岸线总长超过 7 000 千米的丹麦也是巨大的挑战。100 年后，海洋会吞噬部分浅滩，丹麦的陆地面积肯定比现在小。我们也许需要把一些港口城市搬到离海岸较远的内陆去。

这一切都源于越来越多的冰雪融化，海洋变暖，海水体积变大。是的，你没看错，热水要比冷水占用更多的空间，这是热胀冷缩的原理。

但要注意的是，在这方面，冰却与众不同。

在北极和南极周围，大部分海洋都结成了冰。当这些冰融化时，海平面几乎不会发生变化。因为冰原本就浮在水面上，所以它融化之后的水只是取代了之前冰的位置。

也就是说，陆地上的冰融化后流入海洋或者海岸上的大块浮冰在破裂后坠入大海是让海平面上升的主要原因。你可以做一个简单的小实验：把杯子倒满水，再加入一个冰块，你就能看到水会从杯子里溢出来。

目前，最严重的要数格陵兰岛的冰川融化。格陵兰岛的局部地区被 3 千米厚的冰雪覆盖，可见这个岛上有多少被冻结的水。如果这些冰全部融化，海平面将上升大约 7 米。幸运的是，这几乎不会一下子发生，但是在之后的几百年里，岛上的冰可能会消失一半。

如今，格陵兰岛每年融化的冰雪的水量能填满一个长100 千米、宽 100 千米、深 25 米的巨型游泳池。5 到 10年后，情况可能会更糟。

而在天寒地冻的南极洲，冰的含量几乎是格陵兰岛的10 倍。也就是说，如果这里的冰完全消融，足以将海平面提高 60 多米。因此，气候专家非常担心南极洲的冰开始大规模融化，因为这将对全球的海岸和港口产生严重的威胁。

幸运的是，如今南极洲的冰雪融化和降雪之间差不多达成了平衡。

但人们仍旧担心南极洲的冰会很快开始融化，巨大的冰山会跌落进海里。

如果这一切开始发生，海平面将快速上升。在风暴期间，海水可能涌入居住着百万居民的城市，摧毁那里的街道和房屋，比如中国的上海，巴西的里约热内卢，美国的迈阿密，丹麦的哥本哈根。

人们将地球温度的不断上升的问题称为全球变暖，这

一问题最严重的地方就是格陵兰岛和北极附近。那里的气温在过去 100 年里平均上升了大约 2 摄氏度，而在世界其他地方"只"上升了大约 1 摄氏度。

有一个很好的解释。白茫茫的冰雪就像一面巨大的镜子，当太阳温暖的光线照射到白色的冰雪上面时，大部分的光和热都被反射回太空。

但是随着温度升高，越来越多的冰雪融化，越来越多由岩石和沙土组成的深色地表和漆黑的海洋裸露出来。深色的表面吸收的太阳热量会更多。

你可以在阳光明媚的炎热夏日分别用手去摸白色和黑

色汽车的车顶。你会发现相比之下，黑色汽车的车顶要更热。

因此，在冰雪覆盖的北极等地区形成了恶性循环：随着温度升高，越来越多的冰雪融化。随着更多的冰雪融化，温度会升得更高。

人类必须有所行动了。

我们能做些什么？

我们有两种方法能够阻止事态的恶化。

第一种方法是减少温室气体的排放。我们可以节约使用石油、煤炭和天然气，尽可能地使用太阳能、风能、水能，甚至核能来发电。

但是减排并不容易。这些年来，像印度这样还处于发展中的国家，人们变得越来越富有。于是，他们拥有越来越多的汽车，更频繁地乘坐飞机旅行，使用越来越多的电，而这些电通常都来自燃烧煤炭的发电厂。

我们没有理由阻止他们这样做，因为他们当然有权利发展得越来越好。但这也使得减少温室气体的排放量变得愈加困难。在丹麦、德国和美国等国家，人均二氧化碳排放量要高于印度和非洲国家。

换句话说，空气中温室气体增多是发达国家在发展过程中造成的问题。因此，节能减排是这些国家义不容辞的责任。

第二种方法是种树。因为许多植物在生长过程中需要吸收空气中的二氧化碳。

这听起来很容易，但需要世界上的每个国家都做出巨大的改变。

我们应该在大片种植牧草的土地上改种树。我们的地球需要大片的森林，哪怕将美国和中国的土地全种上树都不够。

在未来，我们也许应该学习太阳产生能量的方式——核聚变，它不会产生使地球变热的温室气体。而且与普通核电站产生的核能不同的是，核聚变产生的能源几乎不含有危险的放射性物质。在法国，首个"国际热核聚变实验堆"项目已经开启，被称为 ITER。这项计划耗资巨大，但如果成功，人类未来将可以从核聚变中获得大量电力，我们也就不必建造那么多风车了

图片来源：ITER

　　我们必须采取一些行动。每个国家都应该建造更多的风车和太阳能发电厂，与此同时，要发明更高效的方法来储存足够百万人使用的风能和太阳能。

　　在夜晚或多云的白天，太阳能无法发电，而在没有风的时候，风车也无法发电。但是，人们每天在使用电脑、手机、洗衣机、冰箱、电灯、电动汽车和其他一切电器时都需要电。

　　如果你能发明一种不太昂贵的电池，可以储存让数百万人使用几周的电力，你将受到全世界的瞩目，因为你

核能是一把双刃剑。它的优点是核电站可以在几乎不排放温室气体的情况下产生大量电。但它也有缺点。第一，如果核电站发生严重事故，可能会泄漏危及生命的放射性物质。第二，核电站会产生危险的核废料，这些垃圾必须被安全储存几千年

图片来源：**POLU TSVET**

解决了我们如今所面临的最棘手的问题之一。

纵观历史，人们总能凭借有智慧的大脑和天才的创造力解决难题。

我们可以为 75 亿多人和他们的所有牲畜提供足够的食物；我们可以根除那些曾夺去数百万人生命的疾病；我们还可以制造出几乎可以独立思考的电脑，来执行对于人脑来说太大、太复杂的任务。

我们创造了以上所有的奇迹，我们也应该能够拯救脚下这颗美丽的蔚蓝色星球——我们唯一赖以生存的家园。

如果人类想减少温室气体的排放，就需要停止燃烧煤炭、石油和天然气这些化石燃料。使用风力发电机是一种解决途径，但在没有风的时候它们无法工作。与此同时，许多人认为风车看起来不够美观，破坏了自然景观

图片来源：STOCKR

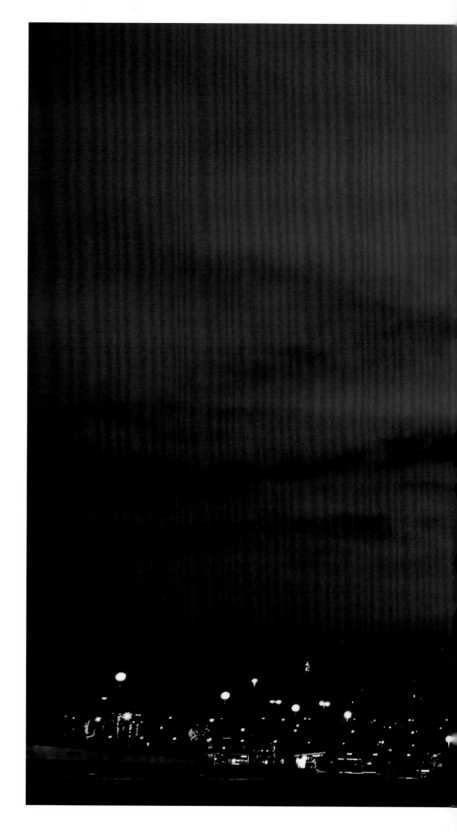

2015 年，全球气候变化大会在法国首都巴黎召开。与会缔约方同意进行节能减排，他们互相承诺在未来减少石油、煤炭和天然气的消耗。为庆祝决议通过，埃菲尔铁塔像森林里的参天大树一样散发出耀眼的绿光。但到目前为止，全球二氧化碳排放量并没有下降

图片来源：ELFRED TSENG

未来的一天

现在我们要让时间快进。让我们跟随勇于冒险的宇航员盖娅，踏上探索未来的疯狂旅途吧！

盖娅是一个冷冻人，她和名叫梅卡娜的智能机器人一起被送上了宇宙飞船。1亿年后，盖娅被梅卡娜解冻后苏醒，她揉了揉惺忪的睡眼，突然发现自己很快就要在地球上着陆了。

她还能认出原来的地球吗？它现在会是什么样呢？

也许地球上仍然有海洋、海岸、云朵、森林、河流和山脉——像以前一样。她们可以准确地认出海洋和大陆，但地球又有一些变化。

科学家想象的1亿年后的地球

图片来源：RON BLAKEY

图片来源：ALDARINHO

5 亿年前，丹麦，或者更确切地说丹麦人脚下 1 千米处的岩石，位于南极的底部。2.5 亿年前，丹麦的基岩被推移到了今天东非的位置。那里极其炎热，火山频繁爆发。人们在日德兰半岛的中部发现了大量当年火山爆发的遗迹。我们对丹麦的真正了解始于大约 12 000 年前。1 亿年后，地势低洼的丹麦几乎完全消失，丹麦人脚下深处的岩石将被推移到更遥远的北方

大西洋要比以前宽阔，太平洋则变小了许多。北美大陆和亚洲北部连在了一起，而北美洲和南美洲却断开了联系。曾经的加利福尼亚从美国分离出来，变成了一座狭长的孤岛。

整个东非分裂出来，形成了一座大岛。

欧洲和非洲大陆融合在了一起，地中海不复存在，取而代之的是像今天的喜马拉雅山一样巍峨的山脉。

澳大利亚一直朝着北方移动，最终与现在的南亚紧密相连。

丹麦已经消失了。

当然，我们无法确信在盖娅和梅卡娜即将着陆时，她们眼前的地球和我们描述的一样。但这个猜测是根据陆地和海洋所在的板块的移动规律得来的，应该还算合理。

盖娅和梅卡娜最终降落在地中海山脉以北的区域，她们环顾四周：空中有鸟飞过，森林里居住着其他大大小小的动物，但它们与我们现在看到的鸟和其他动物不太一样，树木和花朵也和我们所熟悉的不太相似。

这里很温暖，但也不太热。那是因为阳光要比现在更强烈。

夜幕降临，盖娅抬头仰望天空，但除了月亮和太阳系的其他大行星之外，其余的星星她都未曾见过。

那些我们熟悉的星座都消失了，新的恒星在夜空中闪耀着光芒。这是因为地球，连同整个太阳系，已经完全移动到了我们所处的星系——银河系的另一个角落。

月亮看起来比以前小了一些。它向与地球相反的方向移动了几千千米，因此地球上也不能产生像今天这样强大的潮汐了。

几天后，盖娅满脸疑惑地看着自己的手表，手表似乎走得有些快。其实是日出到日落之间的时间变长了，由于地球自转的速度比今天稍慢，一天差不多要持续 25 个小时。

不久之后，盖娅和梅卡娜觉得有些孤独，她们开始寻找人类，但却找不到任何人的踪迹。她们爬上一座小山丘，眺望着广阔的森林和湖泊。她们看到远处一朵巨大的烟雾从火山中升起。太奇怪了，这里曾经是丹麦的南方地区，在"过去"的日子里没有火山呀。

我们不知道她们最终能否找到有智慧的生物，无论如何，这些生物已经不像我们了。

即使人类不会因巨大的自然灾害或杀伤性武器走向灭绝，但在这 1 亿年间，我们一定会朝着全新的未知方向发展，因为生物在不断进化。10 万年后，人类物种也许不会有太大的变化，但在 1 亿年后，我们，或者更确切地说，我们遥远的后代，将会完全不同。

谁知道呢？也许在某一天，我们会与智能机器合为一体，成为半机器人、半肉身的全新物种，而且比现在要聪明得多。或者我们的后代也许会在某个时候发现一个美丽的绿色星球，让它成为当地球变得太热、人类几乎无法生存时的新家园。然后他们一起乘坐极速飞船前往那里，开启全新的生活。

在那之后，地球将再次成为动物的星球。

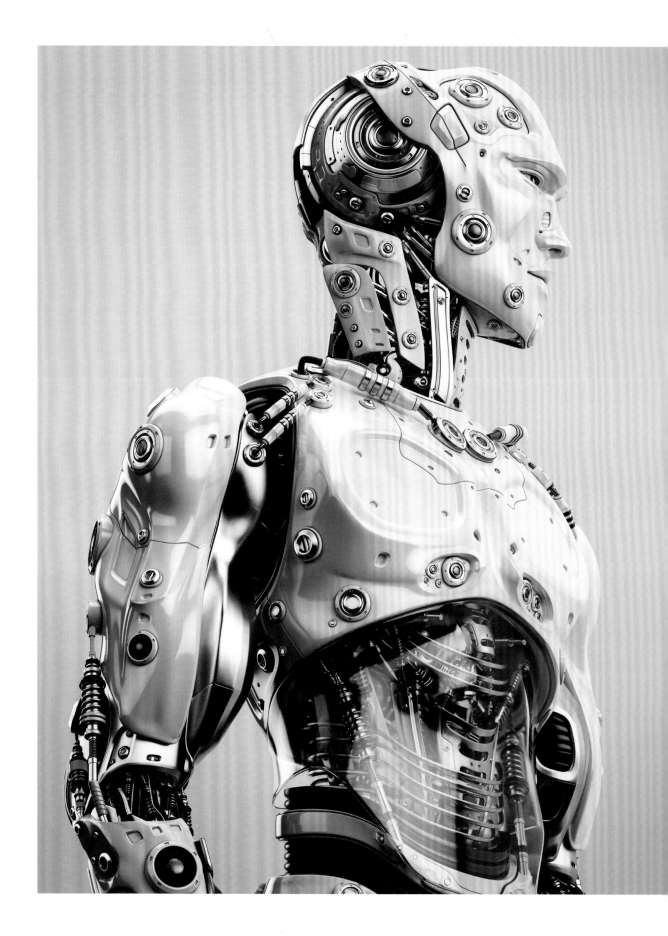

人类的足迹

宇航员盖娅和机器人梅卡娜充满了好奇。

她们没有找到一个人，或者类似的生物。但是她们能找到我们的踪迹吗？她们能找到证据证明，在很久很久以前，有几十亿充满智慧的两条腿的人类成为地球霸主，他们为了获取更多的空间砍伐森林，而后建造了巨型城市、摩天大楼和游乐场吗？

盖娅从宇宙飞船里找出一把铲子，她开始在地上挖洞。当她向下挖了整整 1 米时，她除了土壤、碎石和蚯蚓之外，什么都没有看到。其实就算她能挖到 100 米深，也什么都找不到。

在这 1 亿年间，雨水、霜冻、风、细菌、动植物、闪电、洪水，以及地震和火山爆发，把我们的房屋、道路和汽车掀翻、碾碎、掩埋。到现在已经无法辨认哪块岩石曾经被人类踩在脚下。

如果盖娅足够聪明，又足够耐心，也许她会十分幸运地在沙漠的沙子下或海边的陡坡上找到人类的踪迹。这些地方会有一个薄层，比它上面和下面的地层都略暗一些。

通过智能仪器，她能够测量出这一层含有格外多的铁、钙、碳和其他稀有元素。这就是大都市被毁灭、撕碎的遗迹，这里曾经有大量混凝土、钢材、沥青、塑料和建造房屋、道路、汽车和电器的金属。

接着，盖娅用铁锤敲碎了一块疏松的岩石。石块裂开

没有人知道在 1 亿年里人类会发生怎样的变化，也没有人知道我们的后代是否能活那么久。但如果是，他们看起来会和我们极为不同。也许他们已经和机器融为一体，变成了人类机器人

图片来源：**VLADYSLAV OTSIATSIA**

了，她在里面发现了人类化石——是像你我一样的人类骨头在石头上留下的印记。

盖娅来到了一处被洪水和泥沙冲毁的墓地遗址，正如我们如今找到生活在 1 亿年前的恐龙和植物化石一样，她也找到了我们的痕迹。

她终于找到了人类的足迹。

几天后，机器人梅卡娜突然变得异常躁动，她的前额开始闪烁橙色的光——附近有少量放射性物质，也就是说，附近有看不见的有害辐射。这种有害辐射应该来自如今核电站产生的核废料，用灵敏的仪器在 1 亿年后仍然可以检测出。

即使人类明天就从地球上消失，人类的痕迹也会永恒地延续下去。

尾声

时光荏苒，有一天盖娅和梅卡娜也消失了，但地球还在。

在暗无天日的一天，地球被一颗新的巨型行星撞击。大多数地球生命会死亡，但在一些微小而隐蔽的角落，有的物种幸存下来，在这个属于太阳系的第三行星上迎接下一次生命大爆发。

也许，其中一个物种会进化成像人类一样拥有伟大创造力的"地球霸主"。但接着，这些充满智慧的物种又会走向灭亡。

与此同时，海洋和大陆仍在缓慢移动着，新的岛屿将浮出水面，新的山脉将拔地而起。在大约 25 亿年之后，地球上几乎所有大陆都将再次聚集到同一个巨大的超大陆上，原本的和平将被打破。

也许在 5 亿年后的某一刻，一颗巨大的古老恒星将会爆炸，爆炸产生的耀眼光芒直逼地球，将地球的大气层冲走。那时，地球生命将再次为生存而斗争。但当大气终于恢复时，新的生命形式也将出现。

太阳逐渐膨胀，阳光越来越强烈，地球温度不断上升。

图为比利时著名的撒尿小童铜像

图片来源：**ANIBAL TREJO**

海水开始蒸发、消失，生存变得异常艰难。

几乎所有的土地都变成了赤裸的岩石和沙漠。只有在两极附近高山上阴凉的小湖中，原始生物才能找到凉爽、潮湿的洞穴，开始繁衍生息。

渐渐地，地球表面温度将超过100摄氏度，很多生物会丧失生命。很有可能在30亿年之后这一切都会成为现实。太阳如此之大，几乎覆盖了整个天空，散发着越来越耀眼的红色光芒，地球的表面变成了被熔岩煮沸的热粥，就像地球刚诞生时一样。

大约40亿年后，在地球和太阳周围的太空也会发生一些疯狂的事。整个银河系的2 000多亿颗恒星将直接撞向我们巨大的邻近星系——仙女座星系。但由于恒星之间的距离是遥远的，所以不会发生太多的恒星碰撞。

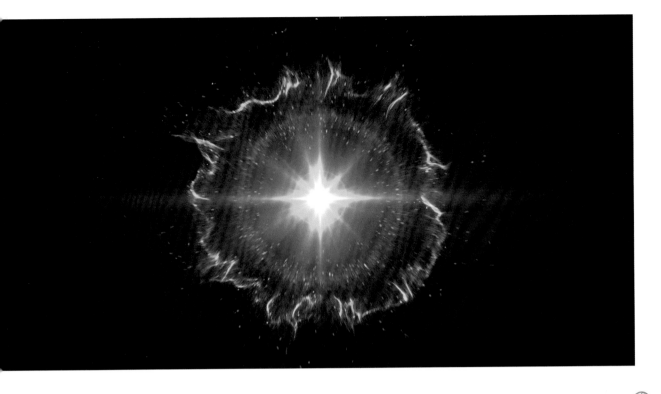

在 70 亿年后，太阳将变得无比巨大，最终吞没月球和地球，将它们变成巨型发电厂里的燃料。

地球不再存在了。这个曾经美丽而独特，拥有海洋、森林和无数生命的星球消失了。

几百万年之后，太阳也走向了死亡，变成了一颗又小又冷的星——白矮星。

但是在几乎无限遥远的地方——在宇宙中的恒星和行星之间——记载了人类在银河系中一颗蓝色星球上的传奇故事的微弱讯息仍在以惊人的速度传播着。

那是来自电视、收音机、手机、互联网和卫星的无线电波。

自从 100 多年前无线电被发明以来，越来越多的无线电信号以光速进入太空，向宇宙传递有关人类及其智慧与

在遥远的将来，地球附近的一颗巨大的古老恒星可能发生爆炸，并向地球传送强大的能量。它可能破坏地球上具有保护作用的大气层，从而使生命陷入困境

图片来源：**AF QUARDIA**

创造力的讯息。

我们，地球，永远不会被忘记。

人们预测，在数亿年后，太阳光将无比炙热，海洋会蒸发，地球表面会变成干涸的荒野和沙漠

图片来源：**DAIMOND SHUTTER**

图为大约 40 亿年后，当银河系与邻近的仙女座星系发生碰撞时，夜空中出现的壮丽景象。天文学家经过测量发现，两个星系在巨大的引力作用下越来越近

图片来源：**NASA**

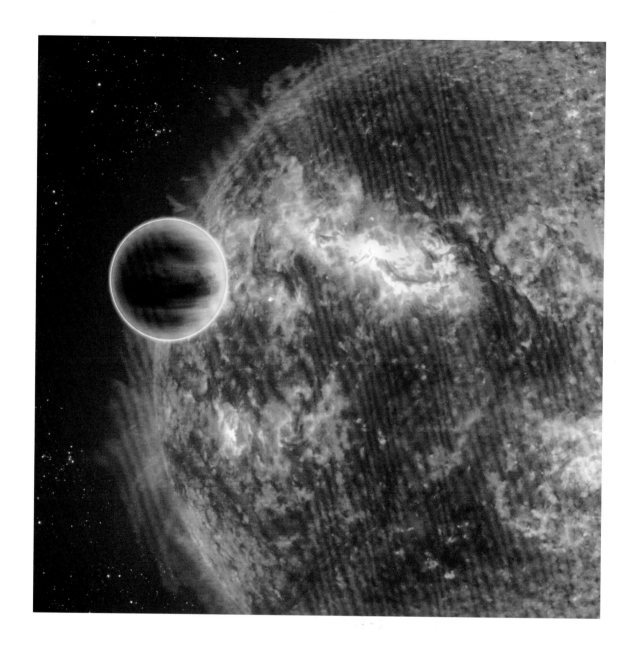

　　大约 70 亿年后，太阳将变成一颗红巨星，最终地球会被太阳吞入腹中并葬身火海。天文学家在通过研究和太阳一样重但比太阳更古老的恒星的变化过程中发现了这一规律：这些古老的恒星无比庞大，但最终它们会坍缩，变得又小又冷

图片来源：ILL: NASA/JPL-CALTECH

后记

在写作过程中，我尽可能在保证科学性的前提下，让这本书变得生动有趣、容易理解。同时我尽量避免使用一些复杂的词语和概念，并对那些在书中提及的专业术语做出了详尽的解释。

书中没有注明摄影师或组织机构等来源的图像均来自图库 Shutterstock。

在从事科学记者和作家的多年历程中，我曾深入研究过这本书中的绝大多数主题。在 2006 年，我出版了关于地球及自然力量的著作《当地球走向疯狂：地震、海啸、火山、飓风》(*Når Jorden går amok: Skælv, tsunami, vulkan, orkan*)。

然后，我要再次感谢丹麦和其他国家许多杰出的研究人员、科学传播协会和其他相关机构给予我的灵感与启发。

致谢来自丹麦的：Hans Thybo、Minik Rosing、Eske

Willerlev、Trine Dahl-Jensen、Dorthe Dahl-Jensen、Jørgen Peder Steffensen、Paul Martin Holm、Henning Haack、Kim Aaris-Sørensen、Rikke Pedersen、Peter C. Kjærgaard、Peter K.A. Jensen and GEUS、NBI、DTU and the Natural History Museum。

向来自国外的 Jared Diamond、Yuval Noah Harari、Simon Winchester、Haraldur Sigurdsson、Alan Weisman、Christopher Lloyd、Steve Parker、David Christian、Eric Roston、Bill Bryson、Bill McGuire、Richard Fortey、Terje Tvedt、Hans Rosling samt USGS、NASA og NOAA 致谢。

你能在这张照片中找到你的家吗？如果你站在我们荒凉的近邻——火星之上仔细观察，就会发现在群山上空稍稍偏左一点儿，有一个微小又昏暗的光点。那就是地球，你还有所有曾经活过的人都生活在那个光点上

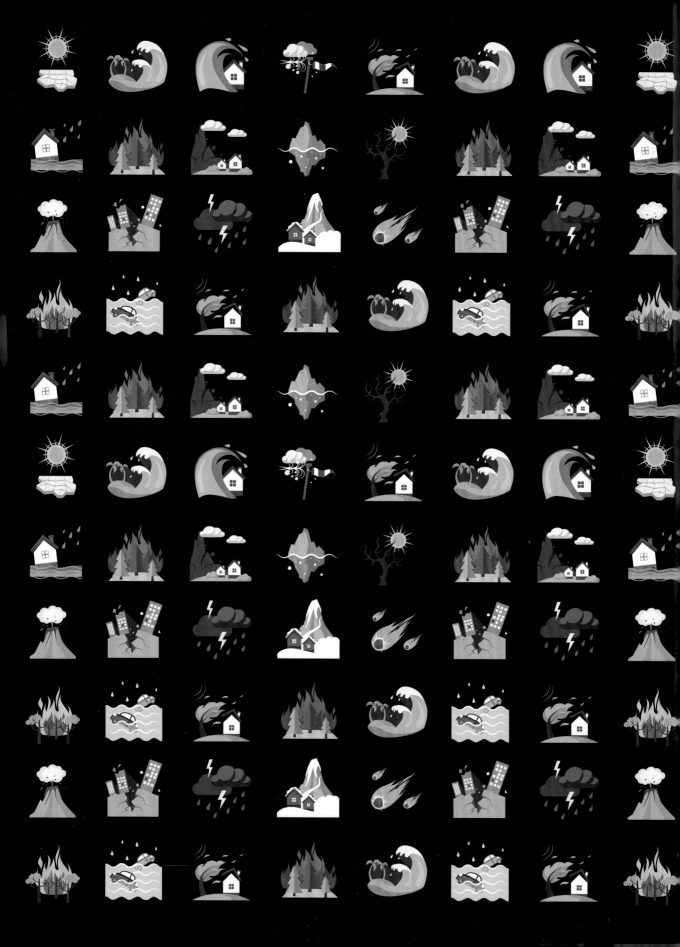